세포의 세계

바이오 시대의 기초 생물학

전파과학사는 독자 여러분의 책에 관한 아이디어와 원고 투고를 기다리고 있습니다. 디아스포라는 전파과학사의 임프린트로 종교(기독교), 경제·경영서, 일반 문학 등 다양한 장르의 국내 저자와 해외 번역서를 준비하고 있습니다. 출간을 고민하고 계신 분들은 이메일 chonpa2@hanmail.net로 간단한 개요와 취지, 연락처 등을 적어 보내주세요.

세포의 세계
바이오 시대의 기초 생물학

–
초판 1쇄 1988년 11월 15일
개정 1쇄 2023년 02월 14일

–
지은이 오카다 도킨도
옮긴이 윤실
발행인 손영일
디자인 강민영

–
펴낸곳 전파과학사
출판등록 1956. 7. 23 제 10-89호
주   소 서울시 서대문구 증가로18, 204호
전   화 02-333-8877(8855)
팩   스 02-334-8092
이 메 일 chonpa2@hanmail.net
공식 블로그 https://blog.naver.com/siencia

ISBN 978-89-7044-584-7(03470)

세포의 세계

바이오 시대의 기초 생물학

오카다 도킨도 지음 | 윤실 옮김

전파과학사

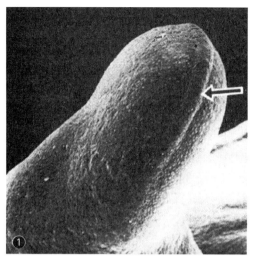

1. 생쥐의 젊은 배 봉오리를 주사
전자현미경으로 관찰한 것. 둑(화
살표)이 있는 것에 주의
→23쪽(케리 박사 제공)

2. 닭 눈의 색소세포를 배양한 세
포 사이에 만들어진 갭결합(화살
표)을 전자현미경으로 보여주고
있다. 왼쪽 세포 속에 검게 보이
는 덩어리는 색소 과립이다
→53쪽(고다마 박사 제공)

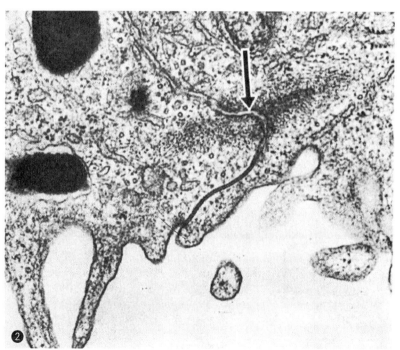

3. 털빛이 다른 계통의 생쥐 사이에서 만들어진 키메라 생쥐(실험동물 중앙연구소 제공)
4. 야생형과 알비노(백색)의 아프리카청개구리 사이에서 만들어진 키메라(가게우라 박사 제공)

5. 플라나리아. M. C. 엣셔의 작품 →139~140쪽 참조

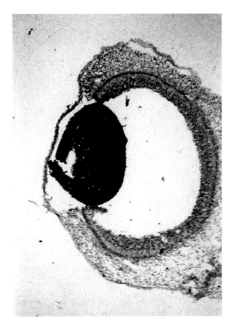

6. 발생에서 어떤 유전자는 특정 세포에 국한하여 발현한다는 것을 가리킨다. 사진은 닭의 배눈의 조직 단편. 위의 사진은 δ-크리스탈린이라고 하는 유전자의 전사가 일어나는 장소를 분자잡종법으로 관찰한 것으로서, 전사는 검게 보이는 렌즈에서만 일어나고 있다. 아래 사진은 같은 유전자의 번역을 δ-크리스탈린에 대한 항체를 사용하여 조직화학적으로 관찰한 것. 역시 렌즈에만 단백질이 존재한다 →185쪽

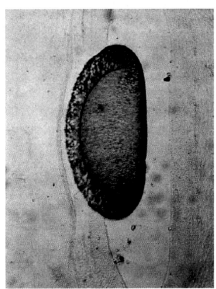

바이오 시대의 기초 생물학

-머리말을 대신하여

"바이오"라고 하는 말은 바로 시대어(時代語)이다. 바야흐로 국가의 과학정책에서부터 경제시장에 이르기까지 도처에서 사용되고 있다. 이 바이오(bio)라는 말은 아마도 바이오테크놀로지(biotechnology)나 바이오인더스트리(bioindustry)의 준말일 것이다. 먼 옛날부터 생물학은 영어로 바이올로지(biology)라고 해왔는데, 아무래도 이것을 줄인 것 같지는 않다.

생물에 대한 과학이 시작된 것은 참으로 오래되었다. 그러나 그동안 의학이나 농학처럼 실천적인 것을 본래의 목적으로 하는 것을 제외하고, 생물에 대한 순수과학이 인간 생활이나 이윤에 직접 소용되는 결과를 가져오게 될 줄은 불과 최근까지만 하더라도 그 누구도 예측하지 못했던 일이다.

그러나 유전자 DNA를 알게 되고, 그것을 조작하는 방법이 도입되고, 그것이 지니는 응용상의 가능성이 밝혀진 이래(길고 긴 생물과학의 역사를 통해서 보면 불과 어제 일어난 일과 같은 사건이다), 그것은 특별한 기대를 갖게 하면서 사회 전체로부터 집중적인 각광을 받게 되었다.

응용에 대한 가능성이 기대되는 것은 좋은 일이다. 생물학에 오랫동안 종사해 온 나 같은 사람은 정말 즐거운 시대를 살고 있다고 실감한다. 하지만 인간이 그리스 시대 이래, 지성(知性)으로 추구해 온 생물의 수수께끼가 정말로 해명되어 가고 있는 것일까?

애당초 인간이 생물을 연구해 보려는 호기심에 자극된 것은 직관적으로, 아주 소박하게 "팔팔하고 생기가 있는"이라는 형용사를 붙일 수 있을 만한 현상에 대한 것이었다. 이를테면 지구 위에는 모습과 습성이 아주 다른 천차만별의 생물이 살고 있다는 것이라든가, 생물은 일생 동안 크기와 형태를 바꾸어 가면서 자란다는 것, 그리고 날아다니거나 헤엄을 칠 수 있는 생물도 있다는 것에 주목한 것이다. 이는 현재 복잡하다거나 고차적이라고 하는 형용사를 일부러 덧붙여서 부르는 생물현상이다.

그러나 이렇게 생기발랄한 생명현상을 충분히 이해하고 그것을 소박하게 실감한다는 것은 아직도 미래에 속하는 일이다. 이 작은 책은 바이오테크놀로지나 바이오산업의 해설서가 아니다. 우리가 장래의 연구과제로 기대하고 있는, 이른바 고차적 생물현상의 일단을 과거의 교과서적인 짜임새와는 다른 형태로 정리하여 소개하려는 것이다.

오해를 피하기 위해 우선 두 가지 점을 미리 말해두기로 한다. 이 작은 책이 바이오테크놀로지의 해설서가 아니라고 하는 것은, 나의 입장이 바이오테크놀로지라든가, 그 기초가 된 이른바 분자생물학(分子生物學)과 다르다는 것을 말하려는 것은 아니다.

단지 첫째로, 이 지식을 산업에서와 마찬가지로 과학적인 생명현상을 이해하는 데 적절히 대규모로 이용함으로써, 지금까지 근대생물학에서 '성역(聖域)'으로 간주하기 쉬웠던, 전통적인 생물학이 관심의 대상으로 삼아왔던 문제의 이해가 비로소 가능해지며, 그에 따라 진정한 새로운 생물학이 창설될 것이라고 기대하는 것이다.

둘째는, 현재의 생물학 연구가 아무리 순수하고 기초적인 것이라고 하더라도 전에는 예상조차 할 수 없었을 만큼 응용과의 거리가 좁혀져 있다는 점을 지적하고 싶다. 이것은 본문에서 자주 구체적인 사례를 들게 될 것이다. 순수한 기초연구의 목적을 응용 면에서 평가한다면 그것은 전혀 무가치한 것이다. 지성으로서의 전위(前衛)를 지향하고 있는 데 지나지 않는다.

그러나 새로운 고차원의 생물연구는 그것으로만 끝나는 것이 아니다. 거기서부터 진정 독창적인 바이오산업의 발전이 가능해지는 필연성이 현재와 장래의 생물연구에 존재하고 있다고 생각되는 것이다.

이 책의 표제는 '세포의 세계'이다. 개구리든 사람이든 또는 장미든 파리든, 생물의 한 개체는 수많은 세포로 이루어져 있다. 세포에는 생명의 단위로서 독립성을 유지하는 세포는 물론이고, 서로 돕고 싸우고 화해하는 개체로서의 '세포사회'도 있다. 세포의 사회를 구축하기 위해 전개되는 생생한 드라마와 이와 같은 세포의 세계 속에서 일어나는 여러 가지 일화를 소개하는 것이 이 책의 목적이다.

오카다 도킨도

《용어에 대한 설명》

이 작은 책에서는 이른바 과학상의 술어 사용을 극히 피하고 있다. 그러나 세포, 유전자, DNA, 단백질 등의 단어는 부득이하게 사용했다. 다만 본문에서 이 용어에 대해 번거롭게 해설한다는 것은 논지를 전개하는 데 방해가 되어, 도리어 이해를 곤란하게 할 것으로 생각되기 때문에 일체 생략했다. 지금에 와서는 이런 용어도 이미 상식에 속하는 범위의 단어가 되었으므로, 여러분은 이러한 학문적인 정의 등에 신경을 쓰지 말고, 각자의 상식을 바탕으로 해서 읽어나가 주기 바란다.

다만 굳이 설명해 두어야 할 용어가 두 가지 있다. 그것은 '발생'과 '배'이다.

발생(發生)이라는 말은 특별한 전문용어가 아니다. 그러나 많은 사람이 생물에 대해서 발생이라고 하면 생명의 발생, 즉 지구 위에서의 생명의 기원을 생각한다. 이 책에서 말하는 발생은 그것이 아니고 생물의 일생을 말하는 것으로, 즉 알이 수정되어 모습과 크기를 바꾸어 가면서 어른으로 성장하는 경과를 말한다.

배(胚)라고 하는 것은 발생 과정에서 극히 젊은 시기에 있는 생물을 말한다. 알은 정자와 수정되면 금방 발생을 시작하기 때문에, 알도 엄밀하게 말하면 알이 아니고 배이다. 그런데 어느 정도까지 성장한 것을 배라고 부르느냐 하는 것도 엄밀하게는 정의할 수가 없다.

개구리로 말하면, 어디까지가 배이고 어느 시기부터를 올챙이로 불러야 할 것인지 정의하기 곤란하다. 헤엄을 치고 먹이를 섭취하기 시작하면 그때 올챙이로 불러야 할 것인가? 닭이라면 껍질 속에서 자라는 동안은 배라고 해도 될 것이다. 모체 내에서 자라는 포유류에서는 태아라는 말이 있는데, 이것과 배라는 말을 가려 쓰기란 더욱 어렵다. 요컨대 발생에서 극히 이른 시기의 생물을 가리켜 배라고 부른다고 대충 생각해 주기 바란다.

이 외에도 약간 전문성을 띤 용어에 대해서는 등장할 때마다 극히 간단하게 설명했다. 어쨌든 내가 드리고 싶은 부탁은 용어 자체의 이해에 신경을 쓰지 말고, 전체의 논지를 따라가 달라는 점이다.

목차

2장

세포로 빌딩을 짓는다

4장

세포로부터 개체를 만든다

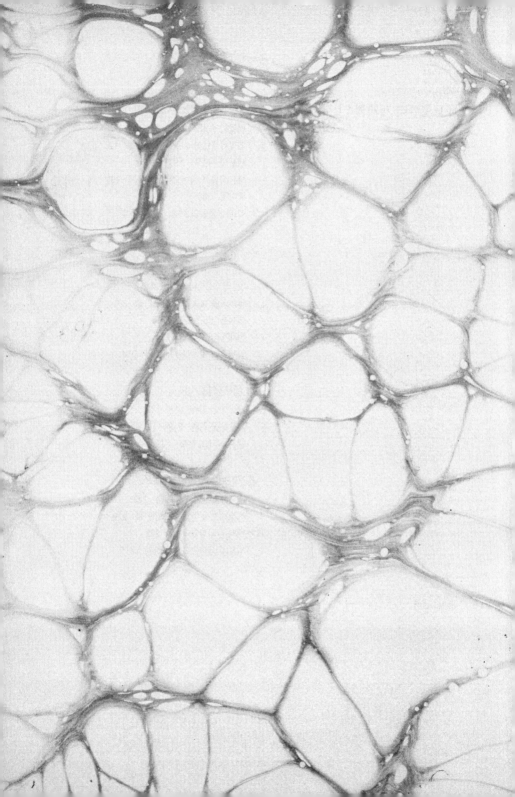

1장

세포는 협조한다

1. 발을 형성하기 위하여

발의 설계

우선 동물의 형태가 완성되어 가는 경과가 얼마나 교묘한 메커니즘으로 이루어져 있는가를 대충 훑어보기로 하자. 처음부터 끝까지 모든 일을 전부 설명할 수 없는 것은 당연한 일이다. 한 사람, 개구리 한 마리가 완성되기까지의 이야기를 한정된 이 작은 책 속에서 설명하려고 한다면, 그것은 조잡하고 개략적인 것이 되어 버려 여러분에게는 도리어 지루하고 따분한 내용이 될 것이다.

그런 이유로 소재를 과감하게 한정된 이야기로 정리해 볼까 한다. 필자가 선택한 소재는 동물의 발이다. 생물학에서 동물의 발이라고 할 때는 한자로 '肢(팔다리 지)'자를 쓴다. 발은 땅에 닿는 부분을, 다리는 발의 윗부분을 가리키는데, 이것은 한자로는 '脚(다리 각)'자를 쓴다.

이제부터 설명하는 실험의 대부분은 닭을 통해 한 것이다. 그렇게 되면 앞발은 날개이고, 뒷발은 '다리'라고 써야 정확할 것이라고 생각하겠지만, 여기서는 모두 '발'이라는 말, 즉 한자의 '肢'라는 뜻으로서 설명하기로 한다.

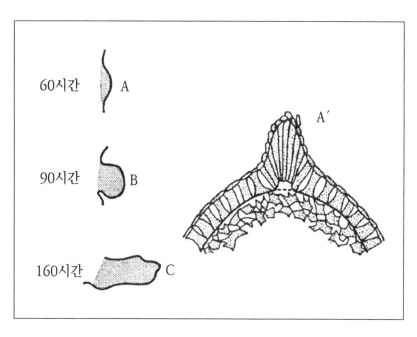

〈그림 1〉 닭의 발의 발생

닭의 수정란이 37℃에서 발생을 시작하고부터 60시간 후(A), 90시간 후(B), 160시간 후(C)의
발(앞발·날개)의 발생을 모식적으로 나타낸 것. A′는 A의 지아(肢芽) 횡단면을 확대한 것(片桐
千明 『동물발생학』 岩波書店. 1982년에서)

굳이 닭에만 국한된 것이 아니라 생쥐든 도롱뇽이든[심지어는 뱀조차
도! 뱀도 배(胚)에서는 짧지만 발 같은 것을 갖고 있다], 발생 초기에는 부모
와 똑같이 발가락을 갖춘 모습을 한 축소판이 되는 것이 아니다. 작은 봉오
리처럼 부푼 부분, 즉 지뢰(肢蕾)가 발의 시작이다.

이 지뢰가 자꾸 자라고 뻗어 나가면서 그 속에 정교한 뼈와 근육을 갖춘
일정한 수의 발가락을 가진 발이라고 하는 훌륭한 설계가 완성되어 간다.

이것은 과연 어떤 메커니즘으로 이루어지는 것일까?

〈그림 1〉에 닭을 예로 들어 봉오리 같은 부분, 즉 지뢰가 대충 발 같은 모습을 갖추게 되기까지의 경과를 그려 놓았다. A는 수정란을 37℃로 가온한 지[부란(孵卵)이라고 한다] 약 60시간이 지난 배의 것이고, C는 그로부터 다시 약 100시간을 경과한 시점의 것이다.

이 A와 같은 지뢰는 간단히 말해 내용물과 그것을 덮고 있는 껍질로 이루어져 있다. 그런데 현미경으로 살펴보면 이 껍질은 지뢰의 꼭대기에 해당하는 곳에서 돌출하여 둑처럼 되어 있다(A′를 보자). 이제부터 이야기하는 실험은 거의 닭을 사용한 것이지만, 발이 발생해 가는 경과는 사람을 포함한 모든 포유류에서 거의 같은 것이라고 생각된다.

권두(卷頭) 〈사진 1〉에 뉴멕시코 대학의 케리 선생이 제공한 지뢰와 둑을 보여주는 훌륭한 전자현미경 사진을 실어 두었는데, 이것들은 생쥐 배의 것이다.

이 둑 부분이 발의 형태를 결정하는 중요한 역할을 하고 있다. 지뢰로부터 둑 부분만을 정교하게 들어내 보자. 껍질 속에 있는 배를 실험에 사용하는 것이기 때문에 이 실험은 다소 손재간이 필요하다. 껍질 일부에 구멍을 뚫고 이곳을 통해 예리하고 가느다란 메스를 넣어 일종의 수술을 하는 것이다.

둑을 제거하는 것만으로도 그 후의 발의 발생은 엄청나게 큰 영향을 받는다. 즉 발의 성장이 두드러지게 저해된다. 더구나 형성되는 것이 정상적인 설계의 축소판 발이 아니라, 발가락이나 발바닥이 없는 비정상적인 것이 된다. 또 이 둑 부분만을 취해서 다른 닭의 둑이 없는 배의 지뢰 부분에다 이식해 보면, 즉 2개의 둑을 가진 지뢰를 만들어 보면 여분의 발가락을 가진 기형의 발이 발생하게 된다.

다지(多指)와 무익(無翼)

발의 형태에 여러 가지 이상이 있는 유전계통이 닭이나 생쥐에서 많이 알려져 있다. 그것들을 크게 나누어 보면, 발가락이나 발바닥이 없고 성장이 두드러지게 저해되어 있는 경우와 발의 앞 끝부분이 과잉 발달한, 즉 발가락 수가 정상보다 많은 경우가 있다.

이것은 둑이 없는 경우와 둑이 과잉 상태인 경우에 잘 대응하고 있으며, 껍질의 일부가 부푼 이 하찮은 부분, 즉 지뢰가 발이라고 하는 기관의 올바른 형태 형성에 결정적인 의의를 갖는 것 같다는 것을 잘 엿볼 수 있다.

닭에는 "무익(無翼)"이라는 이름이 붙여진 유전계가 있다. 글자 그대로 "날개가 없는" 것은 아니지만, 어쨌든 발(날개)의 발달이 지극히 빈약하다. 이 계통의 닭을 이용하여 재미있는 실험을 할 수 있다.

둑이 아직 형성되지 않은 시기의 지뢰를 배에서 잘라내 껍질과 내용물을 깨끗이 분리한다. 그리고 "무익"의 껍질에다 정상적인 내용물을 감싸 넣거나 그 반대의 조합을 시험관 속에서 만들어 본다. 그리고 그것들을 다시 한번 배로 이식하여 과연 어떤 모양의 발이 발생하는가를 관찰한다.

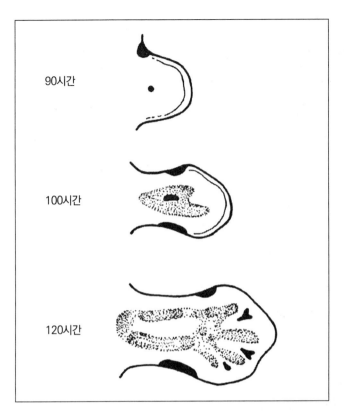

〈그림 2〉 닭의 지아 형성의 각 단계에서 세포사가 일어나는 부분(흑)과 연골형성역(점)
알을 까기 시작한 후의 시간으로 각 단계를 나타내고 있다(片桐千明『동물발생학』岩波書店, 1982년에서)

그 결과는 어느 조합이든 간에 무익 상태의 것밖에 발생하지 않는다. 발이 완전한 형태로 발생하기 위해서는, 내용물과 껍질이 협조하여 서로 작용할 필요가 있는 것 같은데, 무익계통의 닭에서는 이 협조 작용이 잘되지 않는 모양이다. 즉 무익의 내용물은 정상 껍질에 작용하여 완전한 둑을 만들게 하지 못하고, 무익의 껍질은 둑을 만들지 않기 때문에 정상적인 내용물을 올바른 뼈나 근육을 가진 형태로 빚어낼 수 없는 것 같다.

정확한 설계의 발이 완성되는 데 필요한 또 한 가지 무척 흥미롭고 중요한 사항이 알려져 있다. 그것은 어떤 일정한 장소의 세포가 일정한 시기에(시간표에 따라서) 반드시 죽어야만 한다는 점이다. 이것을 〈그림 2〉에 나타냈다.

발이 만들어지기 위해서는 세포가 자꾸 분열하여 전체적으로 두드러진 성장이 있어야 한다는 것은 말할 필요가 없다. 그럼에도 불구하고 한편에서는 그렇게 운명이 정해져 있는 것처럼 일정한 장소에서, 아마도 일정한 수의 세포가, 일정한 시기에 정확하게 죽어야만 하는 것이다. 사람을 포함한 동물의 발에 발가락이 생기고, 팔꿈치가 형성되는 것도 이러한 세포사(細胞死)가 일어나는 덕분이다.

다지(多指)를 없앤다

앞에서 닭에는 발가락이 과잉 형성되는 유전적인 계통이 있다는 것을 언급했다. 이것을 "다지(多指)"라고 부르는데, 같은 변이체(變異體)가 생쥐에도 있다. 일본 나고야 대학의 환경의학연구소에서 발견된 "다지 나고야"라는 것도 그것의 하나이다. 이 계통의 생쥐 배에서는 보통이면 죽었어야 하는 부분의 세포가 죽지 않는다.

〈그림 3〉에서 보인 것과 같이, 정상 계통에서는 세포의 죽음이 껍질과

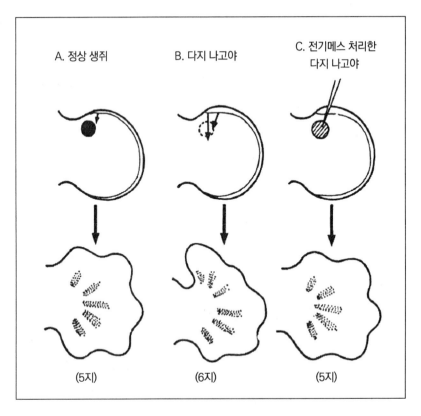

〈그림 3〉 정상인 생쥐와 다지 나고야 생쥐의 발의 발생

정상인 생쥐에서는 검게 칠한 부분의 세포가 죽지만, 다지 나고야에서는 그것에 대응하는 둑 부분의 세포사가 늦어지기 때문에, 검은 부분의 세포사가 일어나지 않아 다지로 된다. 전기메스로 인위적으로 그 부분의 세포를 파괴하면 정상적인 발이 발생한다(나루세·가메야마, 1985)

내용물 양쪽에 걸쳐서 일어나는데, 이 죽어야 하는 껍질 부분은 바로 예의 둑이 솟아 있는 완만한 기슭에 위치하고 있다. 변이체에서는 둑의 성질이 유전적으로 변화하여 죽지 않게 되고, 그것이 밑에 있는 내용물에 영향을 끼쳐 이것도 죽지 않게 하기 때문에, 결과적으로는 여분의 발가락이 형성되어 버리는 것이라고 생각되고 있다.

어쨌든 정상적인 형태의 발이 정확하게 형성되기 위해서는 세포가 죽어주지 않으면 곤란하다. 실제로 "다지 나고야"의 젊은 배의 지뢰 속에 있는, 정상이라면 죽어야만 하는 부분의 세포를 전기메스로 죽이면, 다지가 아닌 정상적인 발이 발생한다는 실험이 성공하고 있다.

플루오로우라실이라고 하는 것은 세포의 단백질합성을 강력하게 저해하는 화합물로서, 본래는 독물이지만 적당한 양을 솜씨 있게 이 변이 생쥐에게 주면 다지라는 기형에서 구제된다. 물론 유전적인 성질까지 바뀌는 것은 아니지만, 독물로써 기형을 구제하는 훌륭한 성과를 얻어낸 것이다.

여기까지의 설명을 통해 동물의 발이 발생하는 대강의 경위로부터, 설계 그대로의 정확한 형태가 발생하는 메커니즘의 기본을 이해했을 것이라고 생각한다. 한마디로 말하면, 전혀 다른 두(때로는 둘 이상) 부분—여기서는 껍질과 내용물로 불렀다—이 정교하게, 더구나 정확한 시간표에 따라 스케줄 대로 서로 작용하는 것이 생물의 형태 형성의 기본이다. 결코 각 부분이 제멋대로 일을 하고 있는 것은 아니다.

운동이라든가, 지각이라든가, 순환이라든가 하는 동물 개체의 전신적인 기능 협조가 아직 발달하지 못한 젊은 배 때부터 이 같은 부분 간의 훌륭한 협조가 이루어지고 있고, 그것이 그 이후의 올바른 동물체 발생을 가능하게 하고 있다.

발 발생을 예로 들어 설명했지만, 여기서 언급한 문제는 사람 자체에서도 중요하다. 그것은 발에서 볼 수 있는 이상이, 사람의 기형 사례에서도 선천적인 것, 후천적인 것으로서 많이 보고되어 있기 때문이다.

닭이나 생쥐에서 설명한 다지에 해당하는 예는, 사람에서도 육손이처럼 출현하는 것으로서, 그런 것에 대한 원인의 이해와 나아가 극복을 위해서도 닭이나 쥐를 사용한 이런 연구가 큰 공헌을 하게 될 것은 말할 나위가 없다.

다만 닭이나 쥐의 실험에 비추어서 이해하기 곤란한 것은, 과거에 갑자기 빈발하여 문제가 되었던 사람의 살리도마이드 기형이다. 이 비극의 원인은 살리도마이드라고 하는 약물의 사용에 의한 것임이 밝혀졌고, 그 후부터 출현이 저지되었다.

살리도마이드 이상에 대해 이해하기 곤란한 점이 있다면 그것은 발의 기부(基部) 형성에 이상이 있었다는 점이다. 지금 말한 발의 발생에 대한 일련의 연구가 가르치는 바로는, 주역은 "둑"의 작용이고, 이상은 발의 앞 끝부분, 즉 발가락이나 발바닥에서 전적으로 일어나기 쉽다고 하는 점이다. 살리도마이드 기형의 비극은 생물학 문제로서 아직도 해결이 곤란한 수수께끼로 남아 있다.

2. 몸속에서의 협조를 살펴본다 —키메라—

이식과 키메라

　동물의 신체 발생과 형태 성립의 메커니즘을 조사하는 연구수단으로서 대표적인 것은, 여태까지 말해 왔듯이 신체의 일부를 취해서 다른 동물에 이식(移植)했을 때, 이식한 세포와 조직이 어떻게 발생하며, 그러기 위해서는 어떻게 새로이 주어진 환경과 서로 반응하는가를 조사하는 방법이다.

　이 "이식"이라고 하는 수단은 참으로 오래전부터 생물의 발생 메커니즘을 조사하는 독자적인 방법이 되어 왔다. 보다 최근에 와서 이 방법—본질적으로는 이식과 같은 것이지만—은 보다 대규모로 또 훨씬 광범한 이용가치를 가지고 실행되게 되었다. 이 방법을 "키메라(chimera) 제작법"이라고 부르고 있다. 키메라라는 말은 그 자체가 생물학을 초월한 배경을 갖고 있기 때문에, 이것에 대해서는 다소 자세하게 해설하겠다.

　키메라란 우선 한마디로 말해 부모가 셋 이상(말할 나위도 없지만, 정상으로 살아 있는 유성생식을 영위하는 생물의 부모는 아버지와 어머니 둘이다)이 있는 생물을 말한다.

　어떤 실험을 하는 것인지 보여 주는 것이 사태를 이해하는 가장 쉬운 길

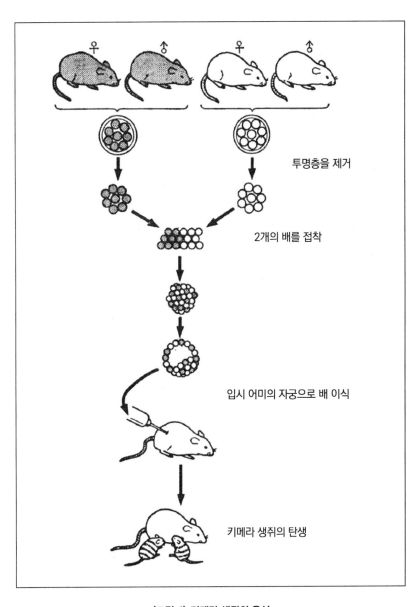

투명층을 제거

2개의 배를 접착

입시 어미의 자궁으로 배 이식

키메라 생쥐의 탄생

〈그림 4〉 키메라 생쥐의 육성

이라고 생각한다. 이제 〈그림 4〉를 봐주기 바란다. 이 실험에서는 사람에 가까운 동물인 생쥐를 사용한다. 생쥐는 포유류에 속하는 동물로서 사람과 마찬가지로, 모체 내에서 신체의 기본형태가 형성되는 시기를 보내고 있다.

종전에는 포유류의 모체 내에서 발생하는 배에 대해서 이러한 실험을 한다는 것이 지극히 어려운 일이었지만, 최근 20년 사이에 많은 곤란이 극복되어 포유류의 발생에 대한 지극히 중요한 연구가 연달아 행해지게 되었다. 포유류를 재료로 하여 실시된 발생 연구는 탄생 전의 인간 생명의 과학적인 이해를 위해서도 직접으로 공헌할 수 있다는 사실을 높이 평가하지 않으면 안 된다.

생쥐로 키메라를 만든다

먼저 각각 유전적으로 다른 부모가 낳은 수정란 2개를 자궁에서 추출한다. 그림에서는 저마다가 유전적으로 채색(흑과 백으로 표시해 있다)을 달리하는 계통의 것을 선택하고 있다. 말할 것도 없이 수정란에 색깔이 있는 것은 아니기 때문에, 검게 칠한 수정란은 검은 털을 갖는 유전계의 것이라는 의미이다.

수정란을 시험관에 넣고 적당한 조건에 두면, 모체 바깥에서도 얼마 동안은 발생이 계속된다. 그래서 유전적으로 다른 두 개의 배 세포가 세 번쯤 분열하여 8개 정도의 수를 가진 세포가 되었을 때 이를 서로 접근시켜 합체해 버린다.

이런 조작은 현미경 아래서 조금만 연습하면 할 수 있다. 참고로 말하면, 이때의 생쥐 배의 크기는 지름이 8마이크로미터(㎛:1㎛=1000분의 1㎜) 정도이다.

그런데 2개의 배가 완전히 합체하면—이것을 도와주기 위해 특별한 물질을 첨가하는 경우가 있다—이것을 유전적으로는 제3의 계통에 속하는 암컷 생쥐의 자궁에 가느다란 피펫을 사용하여 주입한다. 이때 이 암컷에는 적당한 호르몬 처리를 하여, 말하자면 의사적 임신상태(疑似的 妊娠狀態)로 해둔다. 이 암컷은 양모(養母)가 되는 셈이다. 그리고 이입된 배는 양모의 자궁 내에서 꽤 높은 확률로 순조롭게 발육한다.

어떤 새끼 생쥐가 이 양모로부터 태어날까? 2개의 배를 합체한 것에서 태어나는 것은, 검은 생쥐 한 마리와 흰 생쥐 한 마리가 될까?

그런데 그렇지가 않다. 태어나는 것은 완전한 한 마리의 생쥐이다. 그러나 이 생쥐가 2개의 배를 합체한 것에서부터 발생했다는 것을 그 체색으로부터 금방 알 수 있다. 즉 흑도 백도 아닌, 놀랍게도 흑백의 줄무늬를 가진 생쥐가 태어나는 것이다(권두 〈사진 3〉 참조).

이런 생쥐는 물론 자연에는 살고 있지 않다. 흑백의 줄무늬로 되어 있다는 것은, 이 생쥐의 몸이 유전적으로 검은 계통에 속하는 세포와 흰 계통에 속하는 세포 쌍방으로 성립되어 있다는 것을 말하고 있다. 이것이 키메라 생쥐이다.

키메라와 환상의 괴물

여기서 키메라라는 말의 기원에 대해서 잠깐 설명하겠다. 키메라라고 하는 것은 그리스의 신화에 등장하는 괴물의 이름이다. 이 괴물은 머리가 사자이고, 몸통은 양, 꼬리는 뱀으로 구성되어 있다고 기록되어 있다. 즉 다른 종에 속하는 생물이 조합되어 이루어진 환상의 생물이다.

인간에게는 동서양을 가리지 않고, 이 같은 환상의 괴물을 만들어 내고 싶어 하는 불가사의한 심리가 있는 것 같다. 일본에서는 "야(鵺)"라고 하는 괴물이 유명하다. 이 괴물을 죽이고 난 뒤에 살펴보자 머리는 원숭이이고, 몸통은 너구리, 꼬리는 뱀으로 된 괴물이었다고 한다. 일본산 키메라라고 할 수 있는 이 괴물은 옛날 전설로 전해지고 있을 뿐이다.

그리스 고전에 기원을 갖는 키메라라는 말은 지금에 와서 생물학상의 술어로 정착되었다. 생물학으로 정의한다면 키메라란, 앞에서 언급했듯이 부모가 셋 이상이었던 생물을 말한다.

그런데 지금 실험으로 만들어 낸 키메라 생쥐의 부모는 분명히 4마리이다. 키메라 생쥐의 몸에는 유전적 성질이 다른 양친의 세포가 훌륭하게 공존하고 있는 것이다. 이 키메라 생쥐는 흑백의 줄무늬를 띤 것으로서, 그 점에서는 확실히 인공적이며, 키메라나 야 정도의 괴물이라고 할 수 있다.

그러나 훌륭한 생쥐로서 보통의 생쥐와 다름없이 움직이고, 먹이를 먹고, 새끼를 낳는다. 낳은 새끼는 어떻게 되느냐고? 새끼에는 키메라가 생기지 않는다. 왜냐하면 유전적인 성질을 달리하는 세포가 공존하고 있는 것이지, 양자의 유전적인 성질이 하나의 세포에서 혼합된 것은 아니기 때문이다. 당연한 일이지만 자주 오해를 하는 사람이 있기에 참고삼아 덧붙여 둔다!

과학자는 결코 마술사가 된 것 같은 기분으로 혹은 단순한 호기심 때문에 키메라를 만들고 있는 것이 아니다. 학문상의—응용이나 실리가 아닌—목적이 있기 때문에 시도하고 있는 것이다.

키메라 생쥐를 만드는 일에 최초로 성공한 사람은 폴란드의 타르코프스키로서, 1961년에 굉장한 고생 끝에 성공했다. 과학자는 어떤 학문적인 필요로 고심참담(苦心慘憺)을 거듭하는 실험을 하는 것이다. 단순한 호기심이 고생의 원동력이 될 수는 없다.

현재 키메라 생쥐를 만드는 수단은, 많은 중요한 의학상의 문제 해결을 포함하여 여러 가지 생물학상의 문제연구에 사용되고 있다. 애당초 2마리에서 발생할 예정이었던 2개의 배를 합체시켜서, 완전한 한 마리가 발생하게 된다는 것은 도대체 어떻게 해서 그렇게 될 수 있는 것일까? 이 문제는 4장에서 자세히 설명하겠다.

〈그림 4〉에는 태어난 키메라 생쥐가 가로무늬로 그려져 있다. 실제는 그림에 그린 만큼 깨끗한 줄무늬가 되는 경우는 드물지만(권두 사진), 그래도 일반적으로 그런 경향이 있다. 적어도 검은 털과 흰 털이 빽빽하게 혼합하여, 전체적으로 잿빛을 나타내는 키메라 생쥐는 나타나지 않는다. 이것은 무슨 이유일까 하는 등등, 이 실험을 안 것만으로도 여러분은 많은 의문을 가질 것이다.

여기서는 그런 질문에 깊이 들어가 대답할 만한 지면이 없다. 그 대신 '세포의 사회'라고 하는 이 작은 책의 주제와 그 의미를 여러분에게 깊은 인상을 주기 위한 좋은 예로서, 키메라 실험을 통해 얻은 두 가지 예를 소개하기로 한다.

세포 간의 협조를 키메라로 알 수 있다

생쥐는 매우 많은 유전적 돌연변이 계통이 알려져 있다. 그것들은 특별한 연구 센터에서 유지, 보존되고 있으며, 생물학(기초의학 포함)적인 여러 가지 연구 목적에 사용되고 있다. 그중에는 사람의 질병 자체를 이해하는 데 있어 그 무엇보다 중요한 것도 적지 않다.

"누드 생쥐"라고 불리는 것도 그중의 하나다(사진 5). 이 유전계통의 생쥐는 글자 그대로 체표(體表)에 털이 없는 누드다. 이것은 흉선(胸腺)이라는 기관도 없다. 하지만 도대체 어떤 이유로 흉선과 털이 없다는 것이 관계되고 있는지는 알지 못하고 있다.

흉선이라는 기관은 옛날에는 아무 쓸데도 없는 것이라고 생각하고 있었다. 하지만 지금은 이 기관이 고등동물에게는 외계로부터 발생하는 감염을 방어해 생명을 지켜주는 면역기능 때문에 필수라는 것을 알고 있다. 또 의학과 관련한 일이 아니더라도 중요한 연구 대상이 되었다.

흉선이 없기 때문에 이 누드 생쥐는 면역기능에 결함이 있다. 즉 감염에

〈사진 5〉 누드 생쥐
털이 없고 면역에 큰 역할을 하는 흉선이 없다

대한 저항성이 거의 없기 때문에 항상 무균적(無菌的)으로 사육해야 한다.

많은 이들이 고등동물의 성체(成體)에서는 유전적으로 조금이라도 다른 동물의 세포가 이식되면, 이것을 거절해버린다는 사실을 알고 있을 것이다 〔지금까지 설명해 온 이식 실험이나 키메라 작제(作製)가 성공하는 것은, 실험을 성체에서가 아니라 배에서 하기 때문이다〕.

그런데 이 누드 생쥐는 감염에 저항하지 않는 것과 마찬가지로, 다른 동물의 세포가 이식되어도 이것을 거절하지 않는다. 같은 생쥐의 다른 유전계 세포는 물론, 다른 종류의 세포, 이를테면 집쥐라든가 사람의 세포라도 받아들인다.

그러므로 사람에게서 희귀한 암이 발견되었을 때, 그 성질을 더욱 자세히 조사하고 싶다면, 그 한 조각을 떼어내어 누드 생쥐에 이식해두면, 자꾸 증식하여 그것을 사용해서 여러 가지 연구를 할 수 있다.

이런 이유로 누드 생쥐는 사육하기가 곤란한데도 불구하고, 연구상 불가결한 중요성을 지니고 있어 현재는 시중에서도 널리 판매되고 있는 실정이다.

일본 도쿄 대학의 오사와 등은 예전에 가와사키시의 실험 중앙동물연구소에서 이 누드 생쥐와 정상 생쥐의 키메라를 만들었다. 이 키메라는 어떤 모습을 하고 있었을까?

체표에 털이 돋아 있지 않은 부분과 털이 돋은 부분이 줄무늬로 된 생쥐일까? 확실히 털이 여기저기에 나 있는 키메라도 생기기는 했지만, 갈색—이 실험에서는 키메라의 상대인 정상 생쥐는 갈색의 체색을 가진 계통을 사용하고 있다—과 흰 털의 줄무늬를 가진 생쥐가 많이 태어났다. 이것은 유전적으로 누드 계통은 털 색으로 말하면 흰 것이고, 누드로 낙인이 찍혔을 세포가 키메라의 몸속으로 들어가면 털을 만들기 시작한다는 것을 가리키고 있다.

흉선은 어떨까? 만들어진 키메라는 거의 전부가 보통 크기의 훌륭한 흉선을 갖고 있었다. 이것은 외관만으로는 알 수 없는 일이지만, 생화학적 테스트로 이 키메라의 흉선은 정상 생쥐의 세포뿐만 아니라 유전적으로 "흉선이 없다"라고 생각했던 누드 생쥐 쪽의 세포도 어김없이 흉선 형성에 참가하고 있다는 것이 확실해졌다.

이런 실험의 결과는 다음과 같은 것을 이야기한다. 누드 생쥐라고 하더라도 본래 흉선(더하여 털)을 만들 수 없는 것은 아니며, 흉선을 만들어야 하는 세포 자체가 엄연히 있을 터이지만, "무엇"인가가 빠져 있기 때문에 만들고 싶어도 만들지 못한다. 정상인 배와 합체되어 키메라가 자라는 단계에서 이 "무엇"이 상대 쪽의 정상세포로부터 공급되었을 것이다. 누드 생쥐에 빠져 있는 것은 흉선을 만드는 재료(세포) 자체가 아니라, 이 "무엇"일 것이다.

"무엇"의 정체는 모르고 있다. 그러나 이 실험 결과는 몸의 각 부분, 각 기관이 순조롭게 발생하여 형태와 기능을 갖게 되는 것은, 그 각 부분의 폐쇄된 세계 속에서만 수행되는 것이 아니라, 그 이외의 장소에 있는 세포와의 협조로써 가능하다는 것을 잘 가르쳐 주고 있다.

의학적인 문제의 해결에도

또 한 가지 다른 예를 들어보기로 하자. 이것도 의학적인 문제와 관계가 있다. 사람을 포함한 안과 영역의 중대한 질병에 "망막디스트로피증"이라고 하는 것이 있다. 이것은 눈의 망막세포가 퇴행, 탈락하여 실명에 이르는 지극히 중대한 난치병이다.

집쥐에는 이 망막디스트로피가 반드시 발증하는 유전계통이 있다. 이 계통의 집쥐와 정상 집쥐 사이에서 만든 키메라 집쥐를 사용하여, 이 질병이 어떤 원인으로 일어나는가를 조사하는 매우 교묘한 연구가 행해지고 있다.

키메라를 만들 때, 이 질병을 가진 계통 쪽을 유전적으로 알비노(albino), 즉 색소를 가진 세포가 없는 것으로 해 둔다.

동물의 눈 구조를 3장 〈그림 40〉에 대략 그려 놓았다. 참조하기 바란다. 눈앞 쪽에는 렌즈와 각막이 있고, 뒤쪽 벽은 신경성인 망막증과 검은 색소를 가진 세포층으로 이루어져 있다. 전자는 사진기의 어둠 상자이고, 후자는 필름에 해당하는 것으로서, 빛을 감각하는 세포는 여기에 있다. 망막디스트로피는 말하자면 필름의 변성(變性) 때문에 탈락을 가져오는 병이다.

그런데 만들어진 키메라 집쥐의 눈을 보면 각각의 유전계통에 속하는 세포가 뒤섞여 있다. 이것은 한쪽을 알비노로 했기 때문에, 색소세포에 해당하는 층에서 검은(정상) 세포와 색깔이 없는 세포(디스트로피)가 모자이크를 이루고 있는 것으로부터 잘 알 수 있다.

망막 쪽은 유감스럽게도 색깔이 없기 때문에, 어느 세포가 어느 쪽에서부터 유래한 것인지를 확인할 수가 없지만, 여기서도 양자는 섞여 있는 것이라고 당연히 예측할 수 있을 것이다.

필름의 변성, 탈락은 어떻게 된 일일까? 참으로 흥미로운 것은 색소세포층 속의 색깔이 없는 세포(유전적으로 디스트로피)와 접한 망막만이 변성하고 있다는 것이다.

망막 쪽도 쌍방의 유전형질 세포가 섞여 있을 것이므로, 유전적으로 질환이 있는 색소세포(실제 이 실험에서는 색깔이 없는 색소세포로 되어 있다)와 접한 망막세포는, 그것이 유전적으로 디스트로피의 것이든 아니든 간에 모두 변성, 탈락하는 것이다.

망막디스트로피라고 하는 질환이 실제로 일어나는 장소는 망막세포이다. 그러나 여기서 가장 중요한 것은 질환이 일어나는 망막 쪽이 아니라 색소세포 쪽이다.

여기서도 우리는 두 가지 다른 부분—색소세포층과 망막세포층—사이의 정교한 상호작용의 예를 보고 있는 것이다. 정상인 색소세포로부터 어떠한 작용이 없으면 망막은 변성하여 실명에까지 이른다.

이 망막디스트로피의 예는 생물의 발생이나 형태 형성에 관계된 문제가 아니라 기능의 유지에 관계된 것이다. 그러나 이 같은 예로부터 다세포생물의 몸속에서는 다른 부분 사이에 세포들이 서로 얼마나 훌륭하게 협조하고 있는가를 볼 수 있을 것이다.

덧붙여 이 색소세포와 망막 사이의 상호관계를 간단히 언급해 두기로 하자. 동물의 망막세포는 빛을 받음으로써 그 일부가 끊임없이 때처럼 벗겨져 떨어지고 있다. 벗겨져 떨어진 때의 처리는 색소세포의 직분이다. 색소세포는 이 때를 연달아 먹어치우면서 소화하고 있다.

추측건대 망막디스트로피를 발증하는 유전계인 집쥐의 색소세포에는 이 같은 처리능력이 없을 것이라고 생각된다. 그 결과 처리되지 못한 때가 연달아 축적되고, 끝내는 이것이 해를 끼쳐 망막세포 자체를 변성, 탈락하게 하여 망막디스트로피라는 질병을 발증하게 하는 것으로 보인다.

키메라 생쥐니, 키메라 집쥐니 하고 말하지만, 과학자는 이런 것을 만들어 인간의 본성적인 괴물 제조 욕구를 만족시키고 있는 것은 결코 아니다.

이런 경험을 통해서, 우리는 동물의 신체 성립에는 다른 부분과의 사이에 정교한 상호관계와 협조 관계가 필수적이라는 것을 배울 수 있을 것이다. 더구나 생쥐나 집쥐와 같은 포유동물을 사용하여 이런 실험을 함으로써 사람의 난치병 발증의 원인을 탐색하는 길도 트이고 있는 것이다.

3. 세포는 서로 협의한다

여러 가지 세포

우리는 몸의 여러 부분이 서로 얼마나 잘 협조하고 있는가를 운동이나 순환 등으로 잘 실감하고 있다.

신경의 기능이라든가 호르몬의 작용으로, 몸속에서 꽤 멀리 떨어져 있는 부분 사이에서도 정보가 전달되고, 그 정보가 받아들여진 곳에서 잘 처리되어, 몸 전체로서의 원활한 기능 발휘가 가능해진다.

이것은 완성된 몸에만 해당되는 이야기가 아니다. 이런 협조를 할 수 있는 몸 자체가 되기 위해서, 여러 부분 간의 협조가 얼마나 중요한 것인가를 지적하는 데서부터 이 책을 쓰기 시작했다.

몸을 형성하는 데 있어서, 이러한 협조 관계는 도대체 어떤 메커니즘으로 되어 있으며, 어떤 물질이 작용하고 있는 것일까? 이 질문은 현재와 미래의 생물학에서 가장 큰 수수께끼의 하나이다.

지금까지의 이야기에서는 껍질이니 알맹이니 하며 매우 조잡하게 신체를 구분하여, 그들 사이의 협조를 소개했다. 그러나 어느 부분이든 그것들은 요컨대 세포로 이루어져 있다. 그래서 여기서 비로소 생물의 몸을 구성

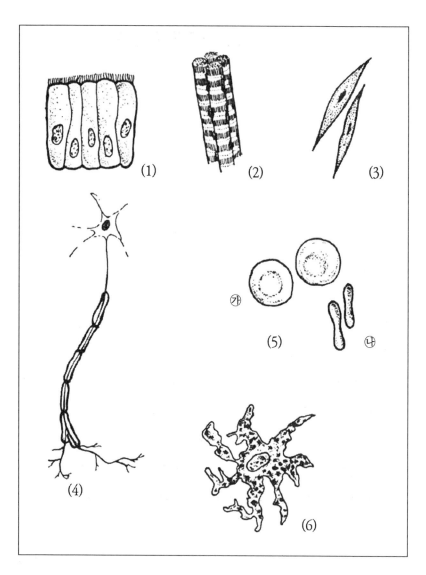

〈그림 6〉 여러 가지 형의 세포

(1) 장 내면의 세포, (2) 근육의 세포, (3) 여러 가지 기관의 틈새를 메우고 있는 결합조직의 세포, (4) 신경세포, (5) 적혈구의 세포(㉮는 위로부터 ㉯는 옆에서 본 것), (6) 색소세포

하는 단위라고도 할 수 있는 세포에 이야기가 미치게 된다.

우리 몸은 세포라고 하는 단위로 성립되어 있다. 하나의 세포 속에는 대부분 생명의 영위(營爲)에 필요한 최소한의 도구가 갖추어져 있다. 그러므로 세포야말로 바로 "생명의 단위"라고 부르기에 알맞은 것이다.

그러나 한 생물 개체를 구성하고 있는 세포는 실로 천차만별의 여러 가지 형을 가지고 있다(그림 6). 근육세포처럼 길쭉하고 더구나 팔딱팔딱 움직이는 것이 있는가 하면, 색소세포처럼 색깔이 있는 것도 있다. 그런데 그들 중 어느 하나가 빠져도 개체로서의 생명을 유지할 수가 없다.

각 세포는 생명의 영위에 필요한 최소한의 공통 장비를 갖추고 있으며, 동시에 저마다의 독특한 기능을 발휘할 수 있는 두드러진 특색을 가지고 있다.

생물의 몸에는 일반적으로 무성격(無性格)이라 할 만한 세포는 하나도 없다. "세포"라고밖에는 달리 표현할 수 없는 모든 세포가 바로 어떤 특질을 지니고 있는 것이다.

모든 생물의 생애의 출발점을 생물학적으로 말하면 그것은 수정란이다. 수정란은 그 자체가 하나의 세포다. 생물이 저마다의 종에 걸맞은 크기에 도달하는 것은, 전적으로 세포의 수가 증식하는 데에 있다. 따라서 수정란이 세포분열을 할 때마다, 자기와 같은 수정란의 세포만을 만들어 내면, 신체가 성립되지 않는다. 우리 몸은 여러 가지 형의 세포가 있기 때문에 존재하는 것이다.

그러므로 좀 전문적인 표현을 한다면, 세포는 수가 증가하는(증식이라고 한다) 것과 증식(增殖)으로 만들어진 자손 세포가 각양한 다른 형으로 분화(分化)되면서 신체가 구성된다.

더구나 이렇게 만들어진 다양한 형의 세포는 저마다가 제멋대로 몸속에 존재하고 있는 것이 아니라, 사실은 질서 있게 닮은 것들이 서로 모여서 정연하게 배열해 있다.

정렬하는 세포

하나의 몸을 구성하고 있는 모든 세포는 독립하여 제멋대로 분산해 있는 것이 아니다. 하나의 가옥이라고 하는 건축물에서도, 기와는 가지런하게 늘어서서 지붕이 되고, 유리판과 목재와 금속은 적당히 어울려서 창문이라고 하는 구조물을 이루듯이, 세포도 정돈되어 존재하고 있다.

몸을 구성하는 단위인 세포는, 실은 지붕이나 창문에 해당하는 것을 만듦으로써, 비로소 능률적이고 잘 조화된 기능을 발휘할 수 있다. 즉 세포는 서로가 모여서 하나의 고차적 단위를 구성하고 있다. 이 같은 한 단계 위의 단위, 즉 가옥에서 지붕이나 창문에 해당하는 것을 "조직"이나 "기관"이라고 부른다.

조직이나 기관의 한 조각을 떼어서, 현미경으로 잘 관찰할 수 있게 엷게 자른 표본을 만들어 적당한 염색제로 염색하여 현미경으로 관찰해보자. 각각의 조직에 따라서 그것을 구성하고 있는 세포의 형이 각기 다르고, 또 각각의 조직마다 세포의 배열상태가 전혀 다르다는 것을 알 수 있다. 어쨌든 우리 몸속의 기관이나 조직 속에는 "아름답다"라고밖에는 달리 표현할 수 없을 만큼 훌륭한 무늬의 세포가 질서정연하게 늘어서 있다. 이러한 점으로 보아 세포가 조직으로 집합해 있다는 것은, 세포의 기능이 매우 편리하고 능률적으로 되어 있다는 것을 상상할 수 있다. 이러한 질서 위에서 발의 형상이라든가, 꼬리의 형태 등이 설계된다.

세포계의 무법자—암

중요한 일을 잊고 있었다. 어떤 세포라도 모두 어떤 특징이 있는 형으로 분류할 수 있는 것은 아니다. 때로는 정체불명의 수상쩍은 세포가 끼어드는 경우가 있다. 하지만 이런 세포라고 해서 결코 "무성격적"인 것이라고 할 수는 없다. 오히려 더 두드러진 특징을 지니고 있다.

이런 세포는 질서 있는 조직이나 기관을 만들려고 하지 않고, 무질서하게 집합하거나 모처럼 사이좋게 조직이나 기관을 만들고 있는 세포의 무리 속으로 함부로 침입한다. 말하자면 세포사회 속 무법자들이다.

인간사회의 무법자에게도 그런 경향이 없는 것은 아니지만, 이 무법자 세포는 급격히 수를 증가하여 몸 전체에 만연하게 되고, 마침내는 세포사회에 큰 행패를 부려 개체의 죽음을 불러오게 된다. 우리는 이 세포사회에서의 무법자를 규제하는 효과적인 법률을 아직껏 갖지 못하고 있다. 이 무법자가 "암세포"라고 불리는 것이다.

이 책은 암을 해설하려는 것이 아니다. 암을 해설하려면 "암"에 관한 전문가의 책이 필요하다. 그러나 질서가 없는 무법자의 존재는 반대로 질서를 연구하기 위한 대조(기준이라고 해도 좋겠지만)로서의 역할을 하는 일도 있다. 그러므로 암세포를 언급하지 않는 세포에 관한 연구 소개는 중요한 사명의 하나를 망각한 처사라고도 할 수 있을 것이다. 따라서 이제부터는 암세포에 대해서도 자주 언급하기로 한다.

세포 간의 통신

우리 몸은 호르몬이나 신경의 작용으로 멀리 떨어져 있는 사이에서도 정보교환이 이루어지고 있다는 것은 자명한 일이다. 그러나 아무래도 이런 메커니즘 이외에도 어떤 세포는, 특히 신경이나 호르몬의 작용에 의하지 않고서도, 이웃 세포와 협의하면서 정보를 교환할 수 있는 성질을 갖고 있는 것은 아닐까?

이 같은 성질이 있기 때문에 동물의 형태 형성을 위한 상호작용이라든가, 세포의 질서 있는 배열 등이 가능해지는 것이 아닐까 하는 상상을 할 수 있다.

이것은 1964년에 미국 플로리다 대학의 레벤슈타인과 당시 그의 협력자였던 일본의 간노(菅野義信, 현재 히로시마 대학)가 전기생리학(電氣生理學)적

방법을 사용하여 밝혀냈다.

그 실험의 개요를 〈그림 7〉에 나타냈다. 요점은 상접한 세포 2개의 한 쪽에 어떤 변화가 일어났을 때, 다른 세포에도 어떤 신호가 전달되는 것이

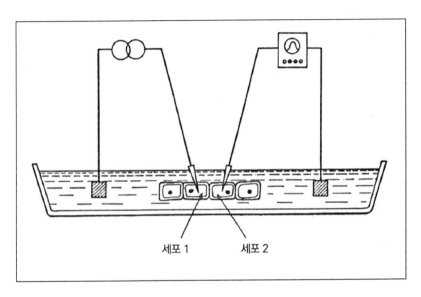

〈그림 7〉 세포의 신호를 전기적으로 포착한다
세포 1에 전기적인 펄스를 주어, 이웃의 세포 2에 일어나는 전기적 변화를 오실로스코프로 측정한다

아닐까 하는 것을 전기적으로 측정해 본 것이다.

그러기 위해서 1개의 세포에 가느다란 피펫을 삽입하여, 이것에다 전기적 펄스를 가해 주었다. 그러자 다른 세포도 이 변화에 반응한 증거로서 아주 미소한 전류의 변화가 있는 것을 전기적으로 명확히 측정할 수 있었다.

이것은 초파리의 침샘(唾腺)세포 사이에서 최초로 확인되었다. 그 후 곧 많은 예에서 같은 결과가 알려졌다. 이 방법을 통해 세포 사이의 협의 정도와 정보교환 능률의 정도를 알 수 있을 것 같다는 것은, 여러 가지 세포를 조사해 그 변화 정도의 차이로부터 미루어 알 수 있는 것이다.

피부의 표피라든가, 간장의 실질세포(實質細胞)라고 불리는 곳처럼, 일견하여 세포와 세포가 빈틈없이 상접해 있는 장소에서는 전기적으로 측정되는 세포 간의 교류도(交流度)가 높다. 한편 갓 발생한 젊은, 아직도 세포 수가 적은 시기의 성게나 개구리의 배에서는 세포 사이의 교류와 전달이 없다는 사실도 이런 측정으로 알 수 있다.

더욱 중요한 것은, 암세포에서는 이같이 전기적으로 측정할 수 있는 교류가 거의 소실된 경우가 많다는 점이다.

즉, 암세포는 몸이라고 하는 세포사회의 무법자로서, 세포사회의 다른 구성원과는 달리, 사회를 성립하기 위한 정보 전달 수단이 결여된 정체라는 것이 공교롭게도 전기적 측정으로 폭로된 셈이다.

이러한 세포 간의 교류는 전기적인 측정이 아니더라도, 하나의 세포에 가느다란 피펫으로 색소를 주사하여, 이것이 이웃 세포로 흘러 들어가는지 어떤지를 관측하는 것으로도 손쉽게 알 수 있다.

표피의 세포 사이나 간장의 실질세포 사이에는 순환계도 신경계도 끼어들지 않는다. 그러나 세포가 이 장소에 단순히 집합해 있기만 한 것은 아니다. 구성원인 세포 사이에는 서로 협의하는 수단이 있다. 이것이 생물의 기능 유지에, 나아가서는 올바른 형태 형성에 얼마나 중요한 것인가를 좀 더 예를 들어보기로 하자.

심장은 뛰어난 오케스트라

심장은 항상 박동을 하고 있는데, 그것은 생명의 증거이기도 하다. 심장에서는 구성원인 개개의 세포가 팔딱팔딱 박동하고 있다. 더구나 심장을 만드는 모든 세포는 같은 리듬으로, 같은 박동수로 가지런하게 행동하기 때문에 심장이라고 하는 기관이 올바른 기능을 수행할 수 있는 것이다.

생쥐의 심장세포를 하나하나 분리해, 체외의 유리그릇 속에 담고 배양해 보자. 이렇게 한 세포는 하나하나가 유리그릇 속에서도, 생체 속에서와 마찬가지로 팔딱팔딱 박동을 계속한다는 사실은 예로부터 알고 있었다.

그런데 배양한 직후에는 개개의 세포가 박동수가 다르고, 저마다 제멋대로의 리듬으로 팔딱거리고 있다. 그러나 24시간이 경과하면 한 배양기 안의 심장세포는 전부 똑같은 박동수를 갖게 되고, 훌륭한 합주(合奏)를 하게 된다. 왜 이렇게 될까? 배양되고 있는 세포는 여기저기로 꽤 활발하게 돌아다닌다. 그렇게 되면 서로 접촉할 기회가 있는데, 한번 접촉을 하게 되면 박동 리듬이 빠른 쪽으로 멋지게 맞춰진다.

사실은 심장세포라고 말하지만, 박동하지 않는 세포도 있기 때문에 유리그릇 속에는 이 같은 비박동세포도 섞이게 된다. 재미있는 것은 박동 능력이 있는 세포끼리 서로 밀착해 있지 않고, 중간에 박동력이 없는 다른 세

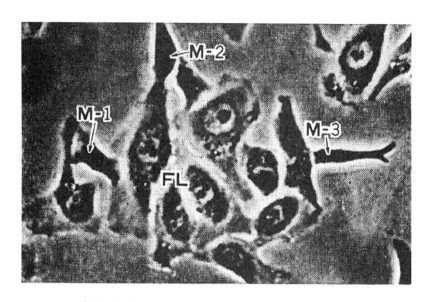

**〈사진 8〉도중에 다른 그루터기 세포(FL세포)가 개재해 있더라도,
3개의 심장세포(M-1, M-2, M-3)는 같은 리듬으로 박동하고 있다**

M-1, M-2, M-3: 심장세포
M-1, M-2: 1개의 다른 그루터기 세포의 개재로 동조 박동
M-2, M-3: 2개의 다른 그루터기 세포의 개재로 동조 박동
(고토 기요타의 호의에 감사)

포가 개재해 있더라도, 역시 결국은 박동수가 가지런해진다는 점이다. 확실히 어떤 신호가 이 같은 중개세포를 통해서 두 집 건너 살고 있는 심장세포에도 전달되는 것 같다는 사실이 전기적인 측정으로부터 밝혀졌다.

그렇다면 어떤 세포가 도중에 개재해 있더라도, 신호전달이 잘 이루어지느냐고 하면 그렇지는 않다. 암세포 정도로 신호전달 능력이 없는, 긴 유리그릇 속에서 오래도록 배양되어온 주세포(株細胞)가 중개하고 있을 경우에는 전달이 이루어지지 않아, 박동 합주가 언제까지고 박자가 맞지 않는 채로 있다.

따라서 세포 속에서도 전기적인 교환을 하는 성질을 갖는 것만이, 이러한 리듬 전달을 가능하게 하고 있다는 사실을 알 수 있다.

협의를 위한 장치

이러한 세포 사이의 협의가 가능해지도록 하기 위해 세포는 어떤 특별한 장치를 갖고 있는 것일까?

광학현미경으로는 아무리 열심히 조사해 봐도 확실하지가 않아, 전자현미경을 사용해 보았다. 그 결과 세포가 이웃 세포와 접하고 있는 곳에 예상했던 것 이상으로 꼼꼼하게 만들어진 장치가 있다는 것을 알게 되었다.

전기적인 측정이나 색소의 유입으로 교류가 있는 것으로 인정된, 세포 사이에 만들어져 있는 장치는 "갭 결합"이라고 불린다. 이것은 이웃하는 세포, 특히 근접한 부분의 표면 바로 밑, 쌍방이 마주 보는 세포막에 있는 입자가 세포를 지퍼처럼 접합시키고 있는 장치다(권두 〈사진 2〉).

현재의 진보된 전자현미경 기술을 사용하여, 이들 입자의 수와 각각의 형태, 그리고 크기까지도 알고 있다. 또 이들 입자는 특별한 단백질로 이루어져 있다는 것도 생화학적으로 알고 있다.

4. 유리그릇 속의 세포

세포를 유리그릇 속에서 배양한다

지구에 살고 있는 동물 중에서 육안으로 인정될 만한 것은 모두 그 개체가 수많은 세포로 구성되어 있는 다세포생물이다. 이런 생물의 세포는 하나의 생물 개체인 단세포생물의 세포와는 달리, 개체라고 하는 하나의 통합된 사회의 구성원으로서 그에 걸맞은 성질을 갖추고 있다.

세포가 생물의 기본단위라고 하는 것은 생물학의 대원칙이다. 이것은 다세포생물의 세포이더라도 물론 통용된다. 왜냐하면 다세포생물의 세포도 대부분 그 하나하나가 살기 위해 필요한 최소한의 장비를 갖추고 있기 때문이다. 그렇다면 세포 하나하나는 몸속에서 바깥으로 끌어내도 계속 살아갈 수 있는 것일까?

세포의 분화나 형태 형성의 문제를 연구할 때 그것이 죽은 세포나 조직이라면 전자현미경이라고 하는 무기까지 사용해서 아무리 자세히 관찰한다 해도 그것만으로는 불완전하다. 또 보통 생물은 개체로서 살고 있지만, 개체만 관찰해서는 세포의 기능을 알 수가 없다. 아무래도 살아 있는 세포를 개체로부터 끄집어내어 산 채로 분열시키거나, 분화시키거나, 조직이나

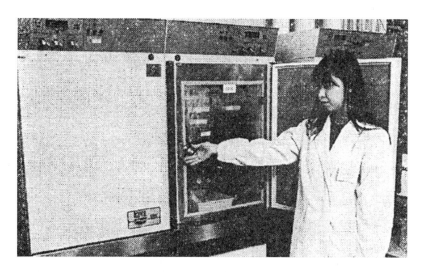

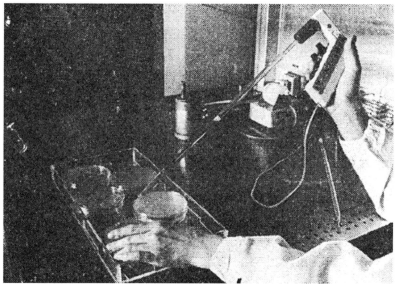

〈사진 9〉 배양실험실의 상황
상: 봄베로부터 적당량의 이산화탄소를 밀폐한 항온기로 보낸다
하: 배양액을 교환하고 있는 장면

기관을 형성하게 하는 과정을 실행하게 하는 수단이 필요하다.

그러기 위해서는 세포의 덩어리나 조직의 한 조각을, 살아 있는 생물 개체로부터 끌어내 유리그릇 속에서 사육하는 것이 바람직하다. 그런 일이 의외로 쉽게 이루어진다는 것은, 여러분도 아마 들어본 적이 있을 것이다.

적당한 영양과 몇 가지 조건을 부여하면, 세포의 덩어리나 조직의 한 조각을 계속 살아가게 하는 것이 가능하다. 이것은 "살아 있다고 하는 것은 개체이다"라고 하는 것을 필요조건으로 삼지 않는 상황이다. 의료에 사용하는 백신의 일부는 현재 이와 같은 "배양된" 세포로 만들고 있을 정도로 대규모의 실험도 가능하다.

또 유리그릇에서 사육한 세포는 개체보다 훨씬 생명이 길어서 그 세포를 추출한 개체는 이미 죽었는데도, 유리그릇 속의 세포는 수년이나 수십 년을 연명한다. 더구나 그동안 세포분열을 하여 수를 계속 늘리고 있는 예가 있는데, 생쥐와 같은 실험동물뿐만 아니라 사람의 경우에서도 많이 알려져 있다.

특별히 치밀하게 연구하는 조건이 아니라면, 보통 유리그릇 속에서 배양한 세포는 아무리 수가 많더라도, 이미 발이나 눈처럼 하나로 뭉뚱그려진 모습은 나타내지 않는다. 외관만 보면 단세포생물을 배양하고 있는 것과 비슷하지만, 몇 가지 점에서 세포 사이의 상호작용이라고 하는, 세포의 사회성과 같은 것이 남아 있는 것을 알 수 있다.

여기서 세포를 배양한다는 것은 어떤 절차를 거쳐야 하는가를 간단히 설명하겠다. 생쥐나 닭 등—또는 수술실에서 떼어낸 사람의 조직편도 좋다—연구에 필요한 동물(젊은 쪽이 좋다)에서 연구하려는 기관이나 조직을 추출한다. 이는 세포의 덩어리이다.

이것에다 어떤 종류의 효소 등을 작용하면, 세포와 세포 사이의 결합이 느슨해지므로 이것을 피펫으로 끄집어냈다가 넣었다가 하며 기계적으로 흔들어주면 낱낱의 세포로 분해된다. 이렇게 만들어진 것은 말하자면 세포의 현탁액(懸濁液)이라고 할 수 있을 정도로, 그것이 본래 피부인지 근육인지 그 차이를 얼핏 봐서는 알 수 없게 되어 있다. 말하자면 박테리아의 현탁액과 같은 상태가 되어 있는 것이다.

이것을 유리그릇—이라고 하는 것은 예로부터의 전통적인 표현일 뿐, 현재는 플라스틱제 접시를 사용하는 경우가 대부분이다— 속에 넣고, 적당한 영양액을 첨가하여, 추출한 생물에 따라서 적당한 온도 아래 예를 들어 습도라든가 산소압, 이산화탄소 가스압을 적당히 조절한 조건 아래서 사육하는 것이 세포의 배양이다.

세포는 신경질

세포를 활기차게, 더구나 본래의 정확한 성질을 유지한 채로 계속 사육한다는 것은 무척 어려운 일이다. 세포마다 독특한 관리방법이 필요하며, 비방이라고 할 만한 것도 있다.

세포배양에서 겪게 되는 곤란을 극복하려고 하는 동안, 이런 어려움은 단세포생물의 세포에는 없는 실은 다세포생물에만 있는 성격을 반영한 것이라는 것을 배우게 된 것이다.

그러한 시도 중 몇 가지를 소개하면, 같은 세포라고 하더라도 다세포생물의 세포가 갖는 사회성이라고 할 만한 것의 특징을 여러분이 엿볼 수 있게 할 수 있을 것이라고 생각된다.

하나의 보기를 들겠다. 예로부터 유리그릇을 사용한다고 말하지만, 어떤 유리제품을 사용하느냐에 따라서 배양성과가 달라진다는 것은 이미 알고 있었다. 최근에는 전적으로 플라스틱 제품의 그릇을 사용하는데, 그것도 어느 회사의 제품에 한한다는 식으로 말하고 있다. 즉 세포가 그 위에

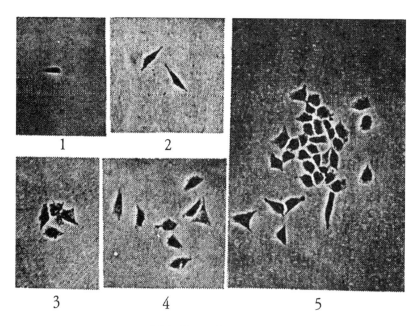

〈사진 10〉 증식하는 배양세포
1:1개 2:2개 3:4개 4:8개 5:36개

얹혀서 자랄 수 있는 토대의 질이 어떤 것이냐가 중요하다.

어떤 종류의 세포는 플라스틱 접시의 내면, 즉 세포가 얹히는 면에 미리 어떤 특별한 단백질을 발라둔 경우에만 힘차게 그 위를 돌아다니고 또 증식한다. 질이 좋은 "이불"이 아니면 잠을 잘 잘 수 없다는 식의 사치스러운 세포가 적잖이 있는 것이다.

그것 자체가 생물학적으로 중요한 의의를 갖는다. 이런 양질의 "이불"에 해당하는 단백질 몇 가지의 정체가 현재 알려져 있다. 그리고 그것들과 세포가 어떻게 관계하는가를 조사함으로써, 세포의 운동(2장에서 다룬다)이라든가 세포의 증식(사진10)을 조절하는 문제 등을 밝히려는 연구가 진행되고 있다. 또 증식한다. 질이 좋은 "이불"이 아니면 잠을 잘 잘 수 없다는 식의 사치스러운 세포가 적잖이 있는 것이다.

이 자체가 생물학적으로 중요한 의의를 갖는다. 이런 양질의 "이불"에 해당하는 단백질 몇 가지의 정체가 현재 알려져 있다. 그리고 그것들과 세포가 어떻게 관계하는가를 조사함으로써, 세포의 운동(2장에서 다룬다)이라든가 세포의 증식(사진 10)을 조절하는 문제 등을 밝히려는 연구가 진행되고 있다.

세포는 쓸쓸한 것을 싫어한다

이것도 예로부터 알고 있었던 일이지만, 세포 현탁액처럼 분리되어 유리(사실은 플라스틱)그릇 속으로 유배된 세포인 배양세포는 동료가 너무 적으면 쓸쓸해 해서 증식은 물론 살아갈 수조차 없는 성질을 지니고 있다.

〈그림 11〉을 보자. 같은 지름의 접시에 같은 수의 세포가 뿌려져 있다. 그러나 (1) 쪽에서는 서로 띄엄띄엄 떨어져 있는데, (2)에서는 같은 수의 세포가 꽤 좁은 장소에 모여 있는 듯하다.

대부분의 세포에서는 이 (1)과 (2)의 경우, 다른 조건이 전적으로 같다고 하더라도 (2) 쪽이 훨씬 잘 자란다.

세포끼리 서로 맞닿을 경우에는 양자 사이에 협의가 성립되고, 이것이

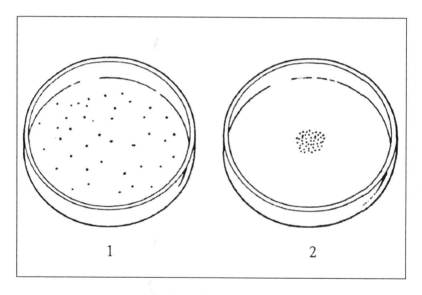

〈그림 11〉 세포의 밀도 효과
같은 수의 세포를 같은 크기의 접시 위에 뿌릴 때라도, 균등하게 뿌리는 경우(1)보다, 한 군데 모아서 뿌리는 쪽(2)이 세포가 잘 자란다

기능 유지에 큰 의의를 갖는 것 같다는 것은 이미 설명했던 사실로부터 짐작이 가능할 것이다.

그러나 여기서 보고 있는 것은 아무래도 접촉만이 문제가 아닌 것 같다. (2)의 경우, 반드시 세포끼리 닿을 만큼 붐비고 있지 않더라도, 역시 밀도 효과라고 하는 것이 인정되기 때문이다.

A세포가 만들어 낸 유효 분자를 B세포가 유지·증식하기 위해서 사용하고, 반대로 B세포가 만들어 낸 분자를 A가 이용한다고 하는 관계가 성립되어 있을지도 모른다.

그러나 이 같은 기능을 가진 분자는 꽤 큰 분자로서 배양액 속을 천천히 확산해 가기 때문에, (1)의 경우처럼 이웃 세포가 너무 멀리 떨어져 있으면 도달할 수 없는 것이라고 생각한다면 어떨까? 실제로 그런 분자가 있는 것 같은데, 이는 〈그림 12〉에 나타낸 것처럼 간단한 실험으로부터 명확히 알 수 있다.

이 실험에서는 먼저 수많은 세포를 배양접시 전체에 밀도 높게 뿌려둔다. 그대로 며칠 동안 배양한 다음, 일단 사용했던 "낡은" 배양액을 모아서 그것을 다시 사용하여 〈그림 11-(1)〉과 같은, 밀도가 낮은 배양액에 섞어 시험해 보면, 이번에는 세포가 잘 자란다.

이것을 다음과 같이 이해해 보자. 다세포생물의 세포라고 하는 것은 우리 인간과 마찬가지로 고적한 것을 매우 싫어하여 평소 이웃과 일정한 접촉 관계를 유지하면서 생활하고 있다. 그런데 단 한 사람만이 무인도로 유배를 당했다고 하자. 로빈슨 크루소처럼 의지가 단단하고, 생산성이 풍부

"조건부" 배양액
(일단 사용했던
배양액을 취한다)

"일단 사용했던" 배양액을
사용하면 소수의 세포라도
잘 자란다.

〈그림 12〉 "쓰고 난" 배양액의 효과

한 사람이라면 정신적인 고통을 이겨내고, 생활에 필요한 것을 혼자서도 만들겠지만, 보통 사람이라면 이렇지 않다. 그러나 우리가 일상생활에서 쓰는 웬만한 도구나 오락물 등 일체를 가져갈 수 있다면, 또 그런대로 그럭 저럭 얼마 동안은 무인도에서도 시간을 보낼 수 있을지도 모른다. 세포에 도 이 같은 사정이 있다고 생각해 보자.

그렇다면 여기서 말하는 도구란 어떤 종류의 것일까? 실제로 한 번 썼던 "낡은" 배양액 속에는, 새로운 배양액에는 없는 성분이 적잖이 있었다. 그 성분에는 매우 중요한 기능을 가진 단백질이 몇 종류나 포함되어 있다는 것을 차츰 알게 되었다.

확실히 세포의 증식을 촉진할 만한 성장인자로서의 기능을 가진 것도 있었다. 다음 2장에서 설명할 세포들끼리 접합, 밀착하게 하는 분자가 이 "낡은" 배양액의 성분연구로 발견되었다.

유전자의 기능까지도

유리그릇 속에서 배양한 세포라고 할지라도 그것들은 박테리아의 배양과는 본질적으로 다른 성질을 나타낸다는 것, 아니 그 이상으로 유리그릇 내의 배양은 때로 세포사회의 축도와도 같은 양상을 드러낸다. 그러므로 연구를 통해서 세포사회에서는 세포 사이에 어떤 협의—때로는 아마 싸움도—가 있는가를 배울 수 있다.

간장은 우리의 생명 유지에 필수적인, 더구나 다종다양한 기능을 가진 큰 기관이다. 이 기관 속에서 주역을 차지하는 것이 실질세포(實質細胞)라고 하는 대형 세포다. 집쥐의 간장에서 이 실질세포만을 다른 세포로부터 가려내 배양해 보면, 10일 정도 경과 후에 죽어버린다. 그런데 간장에서부터 취한 다른 세포, 즉 실질 세포는 아니지만 간장이라고 하는 기관 속에 있는 세포와 혼합하여 배양하면, 놀랍게도 2개월 이상이나 팔팔하게 살아 있다.

간장의 기능 중 중요한 것으로, 혈청(血淸)에 포함되는 단백질 중에서 가장 큰 성분인 알부민을 합성하여 분비하는 일이 있다. 실질세포만 배양하면 이 단백질합성이 금방 저하되고 만다.

다른 세포와 섞어서 배양한 경우에는, 유리그릇 속에서도 생체 속에 있었던 것과 마찬가지로 그 합성이 높은 수준으로 계속되는 것이다.

합성이 높게 유지되는 원인을 살펴보면, 이 알부민이라는 단백질을 코드하고 있는 유전자 DNA의 기능이 활발하여 알부민 합성을 위한 메신저 RNA가 왕성하게 만들어지고 있다는 사실을 알았다. 즉 세포는 다른 세포와의 교제에 따라서, 세포 기능의 가장 근원인 유전자의 작용까지도 영향을 받고 있다는 것이다.

하지만 이와 같은 경우에 어떤 분자가 중개 역할을 하고 있는지는 밝혀지지 않았다. 이것을 규명하는 것은 장래의 중요한 연구과제일 것이다.

알부민이라는 단백질은 간장의 실질세포에서 합성되는데, 혈청 속에 다량으로 존재한다. 즉 합성된 알부민은 세포 밖으로 방출, 즉 분비되지 않으면 안 된다.

실질세포만 배양하면 알부민의 합성이 금방 정지되어 버리기 때문에 도저히 분비 운운할 처지가 못 된다. 그러나 다른 형의 세포와 섞어서 배양하고, 더구나 이 두 가지 다른 형의 세포가 접촉하게 해두면, 합성된 알부민은 생체 속에서와 똑같이, 다만 혈청 속으로가 아니라 배양액으로 분비된다.

이러한 알부민의 합성과 분비에 대해서 알게 됨으로써 유리그릇 속에서도 생체와 같은 상황을 만드는 일에 성공하게 되는 것이다.

앞에서 세포끼리 접하는 장소에 만들어지는 갭 결합이라고 하는 장치를 설명했다. 알부민 분비의 경우 이 장치가 한몫을 차지하고 있는지 어떤지는 알지 못하고 있다. 그러므로 여기서 이야기를 다시 갭 결합으로 되돌려서, 1장의 마지막에 나온 세포 간의 교류에 대한 흥미로운 일들을 이야기해 보기로 한다.

암세포의 교정 가능성

암세포를 유리그릇 내에서 정상세포와 섞어서 배양하면 그 증식이 두드러지게 억제된다는 것이 오래전부터 자주 보고되어 왔다. 이것은 최근에와서 다시 확인되었고, 더구나 그것에는 갭 결합이 한몫을 하고 있다는 사실이, 앞에서 소개한 세포 간의 전기적 교류의 발견자인 레벤슈타인에 의해 밝혀졌다.

그의 발견은 유리그릇 속에 암세포와 정상세포를 혼합하여 배양했을때 볼 수 있는 증식의 억제가 양자 사이에 갭 결합이 많이 만들어질수록 두드러진다는 것이다.

현재 갭 결합을 만들게 하는 물질이라든가, 반대로 그 출현을 저해하는효과를 갖는 물질 등이 알려져 있다. 실제로 이 같은 혼합 배양에 전자의작용이 있는 물질—사이클릭 AMP라고 불리는 것—을 첨가하면 암세포의 증식이 저하되고, 후자의 작용을 갖는 물질—레티노이산이라는 것이 이것에 해당한다—을 첨가하면, 암세포는 정상세포와 섞어 놔도 증식이 도무지 저하되지 않는다.

이러한 연구결과를 보면, 무법자인 암세포를 사회 질서 속으로 다시 한 번 올바르게 짜 넣기 위한 '교정 작전(矯正作戰)'이라고도 할 만한 것을 입안(立案)할 수 있을 것 같다.

그러나 유리그릇의 배양세포에서 얻은 지식을, 실제로 생체 내에서 발생하는 암 치료에 적용하기까지는 아직도 거리가 먼 것 같아서 초조함을 느끼지 않을 수가 없다.

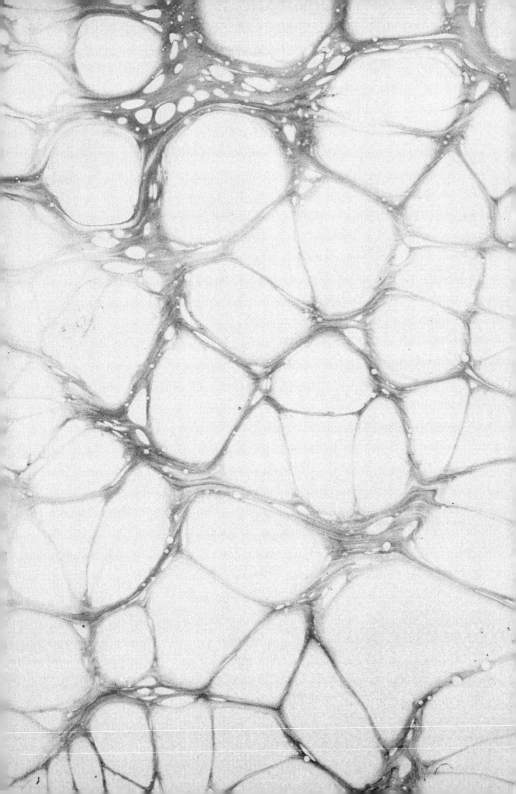

2장

세포로 빌딩을 짓는다

1. 세포로부터 조직과 기관으로

세포와 조직·기관

필자는 이 작은 저서의 표제를 『세포의 세계』라고 붙였다. 그것이 의도하는 바는, 한 개체의 생물을 구성하고 있는 세포는 단순히 덩어리로 집합해 있는 것이 아니라, 서로가 각자의 몫을 잘 지켜나가며, 서로 협의해 가면서 영향을 끼치고 있다는 사실로 여러분의 관심을 끌고 싶었기 때문이다.

지금 유리 창문의 유리를 가리키면서 "이것이 무엇이냐?" 하고 묻는다면, 아마 열 사람이면 열 사람이 모두 "창문"이라고 대답할 것이 틀림없다. 만일 "유리판"이라고 대답하는 사람이 있다면 어지간히 짓궂은 사람이라고 생각할 것이다. "세포는 생물의 형태상, 기능상의 단위이다"라고 하는 것은 19세기 이래 생물학상의 기본적인 대원칙이 되어 왔다. 그러나 다세포생물에서는 하나하나의 세포라고 하는 것이, 어느 면에서 보면 "유리판"과 같은 의미밖에는 갖지 못하고 있는 것이다.

집이라고 하는 건조물(개체) 속에서 유리판은 유리판으로서가 아니라, "유리 창문"으로서 비로소 그 역할을 하고 있다. 생물체에서도 소재(素材)로서의 낱낱의 세포가 아니라, 세포가 모여서 이루어진 고차적 구조——이를

〈사진 13〉 여러 가지 조직과 암조직

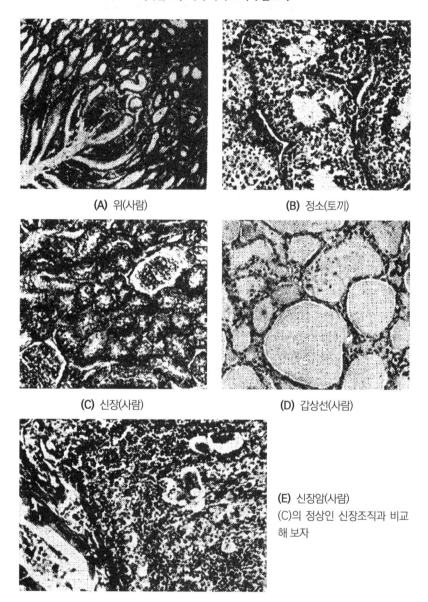

(A) 위(사람)

(B) 정소(토끼)

(C) 신장(사람)

(D) 갑상선(사람)

(E) 신장암(사람)
(C)의 정상인 신장조직과 비교
해 보자

테면 창문이라고 하는 구조로 이해할 필요가 있다.

확실히 다세포생물은 단순한 세포의 집합이 아니다. 다세포생물의 세포는 천차만별의 특징을 가진 세포로 분화되어 있다. 그리고 한 개체를 분화한 세포의 집합이라고 하는 것도 적당하지 않다.

분화한 세포는 제멋대로 무질서하게 집합하는 것이 아니다. 같은 형으로 분화한 세포는 한 무리가 되어 집합해 있다. 그것에는 때로 퍼티(pautty)나 새시도 들어간다. 이것이 "창문"에 해당하는 것이다.

다른 형으로 분화한 세포는 또 그들끼리 서로 모여서 다른 집단을 형성하고 있다. 이것을 지붕에다 비유하기로 하자. 창문이나 지붕에 해당하는 차원의 구조를 생물학에서는 "조직"이나 "기관"이라고 부른다(사진 13).

세포는 접착해 있는가?

다세포생물에서는 세포가 조직이나 기관이 되고, 개체가 되어서 하나의 웅장한 건조물을 만들고 있다. 정밀하고 복잡한 면에서나 소재의 배열이 이루는 아름다움에서는 고딕 사원도 이것에 미치지는 못할 것이다.

이 건조물 속에서는 웬만한 상처를 입지 않는 한, 세포는 서로 단단하게 결합되어 있는 듯하며, 산산조각으로 붕괴되는 일은 없다. 하기야 우리 몸속에도 제각기 분리하여 존재하는 혈구(血球)와 같은 세포도 있다. 또 하나씩 흩어져서 몸 밖으로 팽개쳐지는 세포도 있다. 이를테면 정자나 난자

세포 등이 이런 예다.

　이같이 예외가 있고, 그 예외의 하나하나가 각각 개체로써 생명의 영위에 의미가 있지만, 우리 몸을 구성하는 막대한 수의 세포는 거의 전부가 이웃끼리 결합해 있다.

　물은 수소원자 2개와 산소원자 1개가 결합되어 있다. 또 단백질은 화합물인 아미노산이 수많이 결합해 있는 것이다. 이들의 결합이 화학적 반응에 의한 것임은 말할 나위도 없다. 그렇다면 세포끼리의 결합은 어떻게 되어 있는 것일까?

　이웃하는 세포 사이의 결합은 아미노산 2개를 결합하는 것과 같은 화학적인 반응의 결과일까? 무엇으로 접착이라도 되어 있는 것일까? 다세포생물의 한 개체가 그렇게 간단하게 분해되어 사방으로 흩어져버릴 것 같지 않다는 것을 알고 있는 이상, 과연 세포의 결합은 어떻게 되어 있을까 하는 의문은, 다세포생물이란 근본적으로 무엇이냐는 의문을 세포의 성질에다 기초를 두고 이해하는 데 있어서 가장 근본적인 문제일 것 같다.

　이 문제의 중요성은 실은 세포의 결합이 때에 따라 강하게도 또 약하게도 되어 있다는 사실을 알게 되면 한층 흥미진진해질 것이다.

　생식세포(生殖細胞)가 제각기 흩어져서 하나씩 체외로 나가는 예는 이미 앞에서 언급했다. 또 세포가 암세포화하면, 신체의 여기저기를 돌아다니며 전이(轉移)하여 목숨을 앗아가는 직접적인 원인이 되는데, 이 같은 일이 일어나는 계기는 암화한 세포의 이웃 세포와의 결합이 약해지기 때문이다.

　그러나 세포끼리는 어떻게 결합해 있는가 하는 문제 자체의 중요성을 의식하기 시작한 것은, 1960년대가 되고서부터다. 도대체 어떻게 해서 이같이 중요한 문제가 간과되어 왔냐고 하면, 아무리 생물학자라고 해도 세포가 결합하여 조직, 기관, 개체를 만들고 있는 것은 "하늘이 정한 것"이라고 생각해 오랫동안 자명한 일로만 치부해 왔다는 데 있다.

한편 "세포는 생물의 단위"라고 말하면서도, 일단 다세포생물로 "진화"한 세포는 하나하나를 분해해 놓으면, 살아 있을 턱도 없고, 하물며 이 세포끼리 어떻게 결합하는지 그 힘이라도 측정해 볼까 하는 생각은 제아무리 호기심이 왕성한 생물학자라도 이때까지 떠올리지 못했던 것이다.

그러나 어떤 연구에도 파이오니어는 있기 마련이다. 세포의 결합이 문제로 채택되고 또 의식되기에 앞서, 반세기 전부터 이 문제에 대한 극히 중요한 연구가 이루어지고 있었다.

분해된 해면세포가 몸을 형성한다

1904년에 발표된 월슨의 해면(海綿)에 대한 실험이 바로 그것이다. 해면을 거즈로 싸서 짓이긴 것을 여러 층의 거즈로 거르면 세포가 낱낱으로 분리되어 나온다. 이렇게 여과한 세포를 깨끗한 해수(海水)에 옮겨서 사육하면, 세포가 차츰 모여들기 시작한다.

사육을 계속한 이 같은 세포 덩어리의 내부를 현미경으로 관찰해 보자. 이것은 작기는 하지만 훌륭한 하나의 개체인 해면과 똑같은 것이 아닌가!

이 윌슨의 실험결과는 발표 당시부터 나름대로 큰 반향이 있었는데, 그것은 "해면이라는 동물이 과연 하등한 것임을 잘 증명해 주고 있구나" 하는 것이었다.

해면이라는 동물은 이미 모두 잘 알고 있을 것이므로, 새삼스럽게 소개하지 않겠다. 어쨌든 해면은 동물계에서는 분류학적으로 가장 하등한 것으로 그 지위가 정해져 있다.

흩뜨려 놓은 세포가 살아 있다는 것은 해면이라고 하는 최하등동물이 아직도 단세포생물적인 성질을 갖고 있다는 것의 흔적이 아니겠는가. 분해된 세포가 다시 모여서 조직을, 또 개체를 다시 만들다니, 이것은 해면이라는 동물이 진정 다세포동물답지 않다는 것의 증명이 아닐지. 이렇게 이해하고 이런 견지에서 중요시되었던 것이다.

그러나 사실은 정반대였다. 반세기가 경과한 1950년대에 윌슨이 해면세포에서 관찰한 훌륭한 행동이, 해면만의 성질이 아니라는 것을 알게 되었다. 그것은 모든 다세포동물에 공통적인 성질이었다. 따라서 윌슨의 연구는 해면의 연구에만 그치지 않고, "세포의 결합"이라고 하는 문제에 대한 선구적인 연구였다고 하는 재평가를 받게 되었다.

모든 다세포동물의 세포에는, 실험적으로 세포를 분리해 두어도 반드시 다시 집합하여 본래와 같은 조직과 기관 등 고차 건조물을 구축하는 성질이 있다. 지진으로 붕괴된 고딕 사원은 이미 그것으로 끝이다. 기와 조각이나 유물은 박물관에 진열될 뿐이다. 그러나 살아 있는 생물의 세포는 일단 폐물이 되더라도, 어떻게든지 다시 본래와 같은 사원을 자기 힘으로 구축하려고 하는 것이다.

2장에 들어와서, 필자가 다세포"생물"이라고 하지 않고, 다세포"동물"이라는 말을 사용하기 시작했다는 점을 여러분은 알아채고 있을까? 다세포"식물"의 세포에는 이 같은 자력갱생(自力更生) 행동이 뚜렷하지 않다. 그래서 유감이긴 하지만, 이 장의 이야기는 "동물"세포에 한정되는 이야기다.

조직이나 기관으로 분해

그런데 동물의 몸을 구성하고 있는 조직이나 기관 또는 개체조차도 분해되어 세포의 현탁액과 같은 상태가 되었을 때, 다시 한번 모여서 본래와 같은 조직이나 기관으로 복귀할 수 있는 성질을 가졌다는 것은 간단한 실험으로도 알 수 있다. 그렇다면 실제의 실험은 도대체 어떤 절차를 따라 이루어지고 있을까? 약간의 지면을 할애하여 그에 대해 소개를 하고자 한다.

재료는 여러 가지 것을 선택할 수 있다. 이를테면 닭의 배 등은 실험에 안성맞춤이다. 품은지 8일째쯤 되는 달걀 껍질을 깨서 배를 드러낸다. 배라고는 하지만 이미 이 시기가 되면 주된 기관이 거의 모두 갖추어져 있다.

복부를 가위로 해부하면 간장과 신장—다만 배의 신장은 중신(中腎)이라고 불리는 것으로서, 큰 닭의 신장과는 다른 것이지만— 등이 금방 눈에 띄기 때문에 이것들을 들어낸다. 그리고 칼슘이나 마그네슘을 포함하

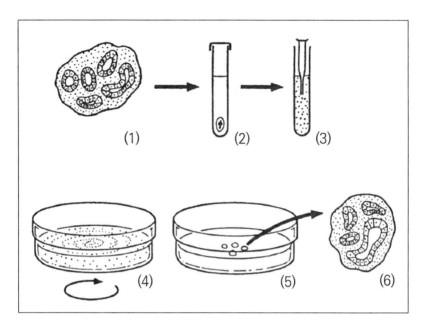

〈그림 14〉 기관 재구성의 실험

기관 또는 조직(그림에서는 신장)의 한 조각을 잘라내어(1), 트립신액으로 처리한 후(2), 피펫으로 휘저어 세포의 현탁액을 만든다(3). 이것을 플라스틱 접시로 옮겨서 1분간 30회전 정도의 세이커 위에 얹어서 선회배양을 하면(4), 세포가 집합하여 커다란 덩어리를 형성(5), 이윽고 본래와 같은 기관 또는 조직을 형성한다(6)

고 있지 않은 생리적 식염수로 몇 번 씻은 다음, 트립신이라고 하는 단백질 분해효소의 용액 속에 넣어서 37℃(즉 닭의 배의 체온)에서 30분 내지 1시간 동안 방치해 둔다.

그러면 처음에는 꽉 죄어져 있던 신장이 흐물흐물한 상태가 된다. 이것을 가느다란 피펫으로 몇 번 빨아들이거나 내뱉거나 하면, 낱낱의 세포로 분해된 세포의 현탁액이 만들어진다.

이렇게 되면, 이미 외관상으로는 신장다운 모습이 다 사라지고 박테리아의 현탁액과 같은 상태가 된다. 현탁액을 적당한 시험관에 옮겨서 원심기에 걸어주면, 세포가 시험관 바닥으로 가라앉는다. 이제 트립신액을 버리고, 다음에는 칼슘이나 마그네슘 또는 아미노산이나 단백질을 포함한 세포 배양용액을 넣어서 다시 한번 현탁액을 만든다. 그리고 이 세포 현탁액을 적당한 용기에 담아, (포유류나 조류의 세포라면) 그들의 체온과 같은 37~38℃에다 둔다.

빌딩은 재건된다

이제 세포는 박테리아의 현탁액 같은 상태를 이루고 있지만, 결코 그대로 끝나버리는 것은 아니다. 어느 틈엔가 육안으로도 보일 정도의 크기를 가진 덩어리가 형성된다.

현탁액 속에서 제멋대로 흩어져 존재하던 세포가, 서로 충돌하는 기회를 늘리면 늘릴수록 세포의 집합으로 촉진된다. 그래서 현재는 이 목적에 적응한 배양방법까지 고안되어 있다. 그것은 세포 현탁액을 넣은 용기를 기계적으로 회전해서, 현탁액의 소용돌이를 만들게 하는 장치에서 배양하는 것이다.

이렇게 충돌 기회를 증가시킨 조건 하에 두면 금방—잘만 하면 수 시간 정도—육안으로도 그것이라고 인정될 만한 정도의 크기를 가진 세포

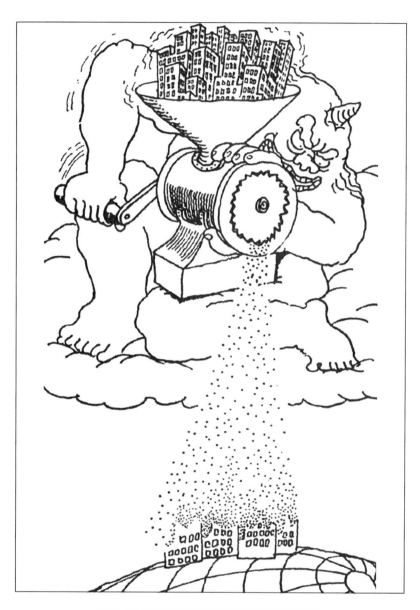

〈그림 15〉 와륵(세포)이 모여서 건물(기관)로 부활한다

의 덩어리가 형성된다. 추측건대 세포끼리 일단 충돌하게 되면, 그것은 단순한 만남이 아니라 두 번 다시 떨어지지 않게끔 결합해 버리는—이후 이 성질을 "접착(接着)"이라고 부르기로 한다—것이다.

배양한 지 며칠 후에 꽤 커진 덩어리를 들어내, 조직 절편을 만들어 현미경으로 관찰하면, 그것은 단순한 덩어리가 아니라, 분해되기 전과 똑같은 훌륭한 배열을 가진 조직이나 기관의 구조가 재건되어 있는 것을 알게 된다.

태풍으로 파괴되어 기와와 기둥으로 분해된 가옥의 부품들을 그대로 방치하여, 따로 목수나 건축사의 손을 빌리지 않아도, 저마다의 세포는 매우 현명하게도 집이라고 하는 고차 조직의 어느 장소에 자기가 위치할 것인지, 필요한 정보를 저마다가 잘 알고 있는 듯하다.

세포란 정말로 놀라운 지혜를 갖고 있다. 이 지혜야말로 다세포생물이 고도로 조직화된 세포사회를 형성할 수 있는 가장 기본적인 요인이라고 생각해도 될 것이다. 이제부터 잠깐 이 같은 "세포의 지혜"가 어떤 것인지 그 본성을 좀 자세히 설명할까 한다.

그 전에 이같이 분해된 세포의 빌딩을 재건하는 능력이란, 어떤 동물 의 세포에도 다 있는 성질인지 아닌지에 대해서 한마디 하겠다.

이 성질이 해면이나 히드라와 같은 하등동물에 한정된 성질이 아니라 는 것은 이미 역설한 그대로다. 그러나 생쥐나 닭에서는 실험에 대개 젊 은 배를 사용하고 있다. 양친의 몸 세포에는 그런 성질이 없냐고 하면, 기 본적으로는 그렇지가 않다. 그러나 양친에서는 세포끼리의 결합이 한층

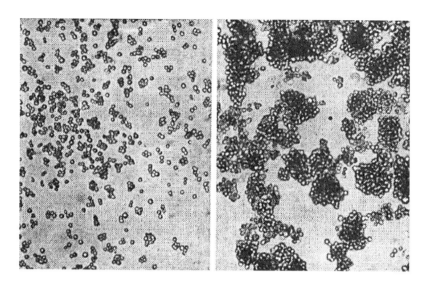

〈사진 16〉 트립신 처리로 분해된 세포(왼쪽)와 세포끼리 접착하여 형성된 세포 덩어리(오른쪽)
(다케우치 박사 제공)

더 튼튼하게 되어 있기 때문에, 기술적으로 곤란한 점이 있다.

또 조직이나 기관의 한 조각이 아니라, 한 마리의 어엿한 생쥐를 통째로 분해했다가 다시 모아서 한 마리의 완전한 생쥐로 만들 수 있느냐고는 질문은 나도 자주 받고 있다. 이 같은 일은 실험적으로 성공하지 못하고 있는 것이 사실이다. 또 성공할 전망도 없지만 이치상으로 말하면, 본질적인 점에서보다는 오히려 기술적인 면에서의 곤란 때문이라고 할 수 있을 것 같다.

세포는 보고 듣는다

세포는 더욱 뛰어난 지혜를 가지고 있다. 아니 지혜라고 부르기보다는 인식(認識) 능력이라고 하는 편이 적합한 표현이라고 생각한다.

2개의 다른 기관이나 조직—이를테면 연골과 신장이라고 하자—을 닭의 배에서 추출하여, 그것으로 각각의 현탁액을 만든 뒤 양쪽을 한 용기에 넣어 혼합하는 실험을 해보자.

이렇게 만들어진 하나의 세포 덩어리 속에는 반드시 쌍방의 조직과 기관의 세포가 포함되어 있다. 그러나 신장과 연골의 세포는 결코 함부로 섞여 있는 것이 아니다. 놀랍게도 신장세포는 신장세포끼리, 연골세포는 연골세포끼리 제각각 따로 모여 있다. 이것을 보면, 마치 세포는 어느 것이 자기와 같고, 어느 것이 남이라고 하는 것을 확실히 구별하고 있는 것처럼 보인다.

이 성질은 어떤 세포의 조합에서도 볼 수 있다. 간장세포와 심장세포를 혼합하면, 간장세포는 간장세포끼리, 심장세포는 심장세포끼리 모이고, 두 가지 형의 세포가 결코 혼합하지 않는다. 그렇게 보면, 우리 몸속에서도 이 같은 규칙이 잘 지켜지고 있다. 뇌 속에 심장세포가 몇 개 끼어들어서 팔딱팔딱 박동한다는 것은 있을 수가 없다. 하기야 "있을 리가 없다" 라고 처음부터 무조건 확신하고 있는 일인지도 모른다.

그렇다면 예를 들어, 2개의 다른 종류의 생물세포를 섞어 보면 어떻게 될까? 해면에는 여러 가지 색깔이 다른 종류가 있다. 붉은 해면이라 부르

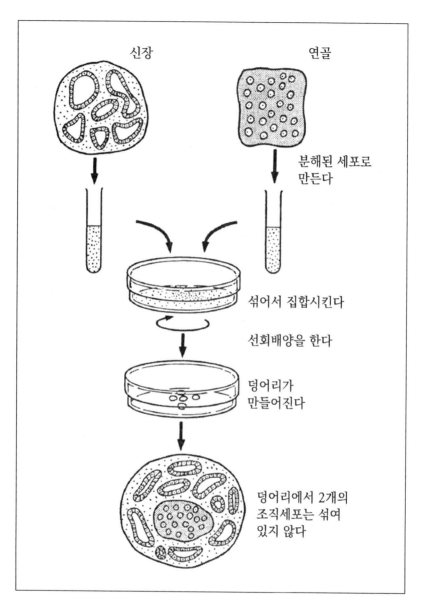

신장

연골

분해된 세포로
만든다

섞어서 집합시킨다

선회배양을 한다

덩어리가
만들어진다

덩어리에서 2개의
조직세포는 섞여
있지 않다

〈그림 17〉 세포는 서로 인식하여 집합한다

는 것은 글자 그대로 붉은 세포로, 보라해면이라 불리는 것은 보라빛 세포로 이루어진 세포다.

앞에서도 말했듯이, 해면의 몸은 간단한 실험으로 낱낱의 세포로 해체할 수 있다. 현재 사용하고 있는 제일 간단한 방법은, 해면의 몸을 가위로 아주 작게 썰어서 다진 다음, 해수의 성분으로 칼슘과 마그네슘을 제거한 식염 용액에 넣어서 세게 흔들어준다. 이렇게 하면 붉은 해면에서는 붉은 빛깔의 세포 현탁액이, 보라해면에서는 보라빛을 한 세포의 현탁액이 나온다. 이 둘을 같은 양씩 혼합하여 보통의 해수 속에 옮겨주면, 두 종류의 다른 해면세포가 혼합된 세포의 집합이 일어난다.

집합물이 상당한 크기가 되었을 때는, 보라빛 세포로 이루어진 집합물과 붉은빛 세포만으로 이루어진 집합물이 뚜렷이 형성되지만, 붉은 빛깔의 세포와 보라빛 세포가 혼합된 집합물은 절대 만들어지지 않는다.

생쥐의 세포와 닭의 세포를 혼합하면 어떻게 될까? 역시 생쥐는 생쥐를, 닭은 닭을 서로 알고 "닮은 것끼리" 집합하는 것일까? 실험결과는 상당히 복잡하다.

이를테면 생쥐의 심장세포와 닭의 심장세포를 혼합하면, 생쥐의 세포는 생쥐와 닭의 세포는 닭과 집합한다. 그러나 생쥐의 연골세포와 닭의 연골세포를 혼합하면, 양자는 사이좋게 집합하여 서로를 구별하지 않는 것 같다. 또 좀 더 복잡한 조합을 만들어서, 예컨대 생쥐의 연골세포 + 닭의 연골세포 + 생쥐의 심장세포라는 혼합물을 만들어 보면, 생쥐의 연골세포는 같은 생쥐의 심장세포보다는 종류가 다른 닭의, 그러나 같은 형의 세포인 연골세포와 더 사이좋게 집합하고 싶어 하는 경향이 있는 것 같다는 결과를 얻는다.

이처럼 세포가 닮은 것끼리 사이좋게 모여드는 현상을 가리켜 "세포의 선별"이라고 한다. 이것은 "빨간 공과 흰 공이 섞여 있는 것에서 빨강이나 흰 것만 골라낸다"라는 것과 같은 뜻이다. 이런 공놀이는 초등학교 운동회 저학년 경기에서 흔히 볼 수 있다. 그러면 세포의 선별은 "누구의" 손에서 이루어지고 있을까? 그것은 세포 자체가 갖는 성질에 의해서라고밖에는 말할 수가 없다.

그렇다면 세포는 이웃 세포를 "볼 수" 있는 것일까? 또 "들을 수"가 있는 것일까? 자기와 다른 세포가 참고 듣기 어려운 불협화음을 내고 있는데, 그것을 "가려서 듣기" 때문에 그 세포와 사이좋게 집합하기를 거부하는 것일까?

이런 실험은 다세포동물이 성립되기 위해 세포가 갖는 조건, 세포가 사회를 형성하기 위한 조건이라는 것을 깊이 고찰하기 위한 실마리가 될 것이다. 어쨌든 이런 실험을 통해서 세포가 세포사회를 성립하기 위해 갖는 기본적인 성질로 "접착"과 "선별"을 들 수 있다.

이런 성질은 도대체 어떤 메커니즘이 있어서 발휘될 수 있을까? "세포에는 눈과 귀가 있는 것 같다"라는 의인적(擬人的)인 표현의 해설로서만 그치는 것이라면 그것은 과학이 아닐 것이다.

이제부터 소개하는 것은 이 같은 중요하기 그지없는 세포의 성질을 규명하려는 일련의 연구에 관한 이야기다.

접착은 물리적인 인력에 의한 것인가?

지극히 근본적이고 더구나 꽤 고차원의 생물적 현상이라고 하면, 어떻게 실험을 계획하고, 어떻게 실험결과를 해석하느냐에 따라 연구자의 개성이라고 할 만한 것이 반영될 여지가 많기 때문에 그 결과로 두드러지게 대립적인가 하는 설이 제창되는 경우가 있다. 세포의 접착, 선별의 연구 등이 바로 그 같은 예의 전형적인 것이라고 할 수 있다.

이 문제는 현상을 완전히 물리적으로 설명하려는 입장과 화학적으로 (즉 물질의 작용으로서) 이해하려는 입장의 차이다. 보다 추상화된 내용의 설명을 좋아하는 연구자는 전자를, 보다 구체적이고 또 현실적인 연구자는 후자의 입장을 취한다는 것은 필연적일 것이다.

1960년대에 영국의 카티스는 세포의 접착과 선별에 대한 그 당시까지의 모든 실험 데이터를 통일적으로 설명하려는 입장에서 두툼한 저작을 출판했다. 여기서 그는 순물리학적으로 대담한 설명을 시도했다. 그 내용을 극히 간단히 소개하면 다음과 같다.

모든 세포는 그 표면이 전기적으로 음전기로 대전해 있다. 따라서 2개의 세포는 모두 음전하를 갖고 있기 때문에 당연히 서로 멀어지려 해서 결합할 수가 없다. 그럼에도 두 세포가 근접하여 결합하는 것은, 두 물체 사이에 작용하는 일반적인 비전기적이며 물리적 인력인 "반데르발스—런던 힘"(분산력이라고도 하며, 분자 간에 작용하는 힘을 양자역학의 방법으로 설명한 것이다. 여기서는 대충 비전기적 인력이라고 받아들이기 바란다)에 의한 것이라고 한다.

따라서 2개의 세포 사이는 전기적인 척력(斥力)과 반데르발스─런던 힘에 의한 인력이 평형된 곳에서, 안정하게 서로 배열된 상태가 된다. 이 학설에 따르면, 겉보기에 세포는 서로 결합해 있는 것처럼 보이지만, 세포끼리 완전하게 딱 상접해 있는 일은 없을 것이다. 이론적으로 계산해 보면, 두 세포 사이가 5Å 정도나 10Å의 간격을 두고 배열했을 때, 세포끼리의 결합이 비로소 안정해진다고 볼 수 있다.

아마도, 이 틈새에는 풀과 같은 물질이 채워져 있을지도 모른다. 그리고 연골과 같은 조직에서는 세포 사이에 이 같은 물질이 다량으로 들어 있어서, 세포와 다음 세포 사이에 100Å을 넘는 넓은 간격이 있을 것이다. 그러나 그것은 그것으로 좋다. 카티스의 생각에 따르면, 2차적으로 어떠한 여러 가지 경우가 있더라도, 세포 사이를 결합하는 기본적인 요인은 이 같은 물리적인 척력과 인력의 평형이라고 한다.

선별은 열역학적 원칙을 따르는가?

이 같은 이치로써 세포의 접착이라고 하는 사실을 통일적으로 설명할 수 있었을지도 모른다. 그러나 세포의 선별이라고 하는 것은 직관적으로 말해서 아무래도 그렇게 깔끔하게 물리학적인 입장으로만 설명할 수는 없을 것 같다. 그런데도 불구하고 그것은 가설로서는 가능한 것이다.

몇 가지 가설 가운데 현재 프린스턴 대학의 스타인버그가 제창한 이론이 가장 많은 관심을 모으고 있다. 그가 최초로 발표한 논문은 전혀 실험 없이 이론에만 기초한 가설을 제출한 것이었다. 이것은 일반 생물학자들 로서는 하기 어려운 행동이었다. 스타인버그의 생각은 다음과 같다.

우선 세포의 선별이라고 하는 현상에는 저마다의 세포가, 이를테면 심장세포라든가 뇌세포라든가, 각각의 결합을 위해 어떤 특별한 화학적 물질이 존재해야 할 필요는 없다고 한다. 그러면 각 세포에 어떤 차이가 있느냐고 하면, 그것은 세포 표면의 "접착도(接着度)"의 세기가 양적으로 다를 뿐이라고 한다. 단순한 이 가정만으로 일견 복잡한 세포의 선별현상을 설명할 수 있다는 것이다.

지금 "접착도"가 이를테면 8—이것은 어디까지나 정적인 숫자에 불과하다—인 세포와 "접착도"가 5인 세포를 혼합했다고 하자. 이 두 형의 세포가 집합하여 구성되는 집합체 속에서는, 접착도가 8인 세포는 안쪽으로, 접착도가 5인 세포는 바깥쪽에 위치하게 되는 것이 물리적으로 가장 안정된 배치라고 한다.

그러므로 이 사고방식에 따르면 "선별"이라고 하는 현상은 "서로를 인식하고 난 뒤의 선별"이 아니라, 하나의 다세포 집합체 중에서 "자리잡이"의 결과인 것이다. 아마 "선별"이 일어나고 있는 듯이 보이는 것은, 인간이 제멋대로 그렇게 보았을 뿐, 세포가 특별나게 그런 일을 하고 있는 것은 아니다. 끓인 물을 실온에 두면 차츰 식어가는 것과 질적으로 다를 바가 없는 하나의 물리학적인 결과로서, 접착도가 큰 세포가 접착도가 작은 세포의 집단 안쪽에 위치하게 된다는 것이다.

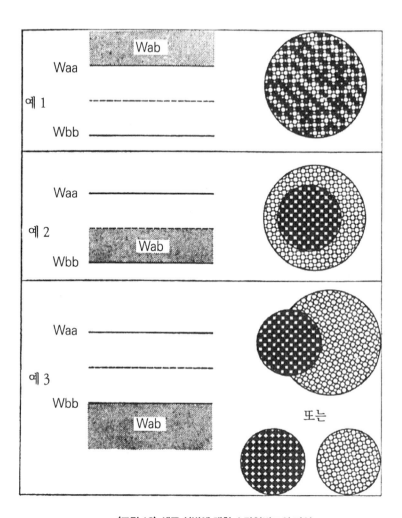

〈그림 18〉 세포 선별에 대한 스타인버그의 가설

Waa: a세포끼리의 접착력
Wbb: b세포끼리의 접착력
Wab: a세포와 b세포의 접착력
점이 있는 부분은 Wab가 취할 수 있는 범위. a세포(흑), b세포(백)
보기 1: Wab≧Waa 및 Wbb→선별 없음
보기 2: Wab<Waa, Wab≧Wbb→세포 a는 내부로
보기 3: Wab<Waa, Wab≦Wbb→세포 a와 세포 b는 완전히 분리

실험적으로 이 사고방식을 과연! 하고 수긍하게 하는 근거가 있다. 지금 연골세포와 심장세포를 잘 혼합한다. 세포가 다시 집합하여 이루어진 집합체 속에서는 물론 양자가 선별하고 있는데, 연골세포는 반드시 안쪽으로, 심장세포는 반드시 바깥쪽에 위치하고 있다.

다음은 심장세포를 간장세포와 혼합하여 집합체를 만든다. 그러면 앞에서 말한 조합에서는 바깥쪽에 위치했던 심장세포가 이번에는 안쪽에 위치하고, 간장세포는 바깥쪽에 위치하고 있다. 따라서 지금 실험에 사용한 세 가지 형의 세포는 연골—심장—간장의 순서로 "접착도"가 컸을 것이다.

이런 생각을 따른다면, 세포사회의 성립이라고 하는 꽤 거창한 명제도 별것 아닌, 실은 간단한 물리적 법칙으로 환원되어 버리게 된다. 이것에는 일면의 진리가 있다.

이제부터 접착과 선별이라는 기능을 가진 분자 탐색을 소개하겠다. 이 물리적인 사고로 일단은 설명이 가능하다는 것을 부정할 수는 없다.

그러나 현재의 생물학에서 뭐니 뭐니 해도 연구로서 활기를 띠는 것은, 고차적인 생명현상의 열쇠가 되는 분자의 추구다. 따라서 세포사회의 성립을 위한 분자적 배경을 아는 일이야말로 고차 생명현상의 진정한 구체적인 설명이 될 수 있을 것이다.

2. 세포 인식 분자를 찾아서

CAM에 관해서

세포의 접착, 선별이라고 하는 기능을 가진 분자가 있다는 견해는, 앞서 말한 물리적 가설과 병행하여 1960년대부터 제창되고 있었다. 그러나 당시는 이것을 완전히 실증하기 위한 연구 기술이 없었다.

현재 세포 간 접착분자(CAM—즉 Cell Adhesion Molecules의 약어—)로 불리는 것은 이미 몇 종류가 확인되어 있고, 그것들이 동물의 개체 발생과 형태 형성에 중요한 기능을 갖는다는 것도 증명되어 있다.

그중에서 국제적으로 지도적인 연구를 하는 곳 중 하나는 미국 록펠러 대학의 에델만 그룹이고, 또 하나는 일본 교토 대학의 다케이치 그룹이다.

에델만은 면역 글로불린의 구조결정이라고 하는 생화학 연구로 1972년에 이미 노벨 의학·생리학상을 수상한 사람이다. 그는 1970년대 후반부터 테마를 크게 바꾸어 세포의 접착, 선별이라고 하는 연구를 통해 동물의 형태 형성의 수수께끼를 분자의 말로 설명하려는 의도를 가지고 대규모적인 연구를 시작했다.

필자가 이 문제를 최초로 연구하기 시작한 것은 1957년 영국에 체재하

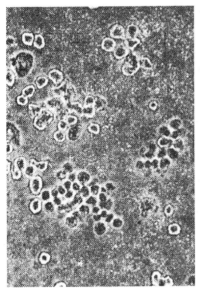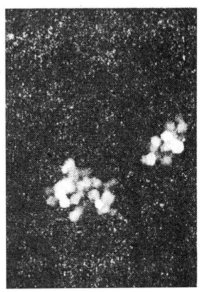

〈사진 19〉 생쥐의 기형 암종양세포와 형광 염색한 섬유아세포를 혼합한 실험
수 개~수십 개의 세포 덩어리를 형성하고 있지만(왼쪽), 형광 염색을 하면(오른쪽), 형광 염색
된 섬유아세포와 형광 염색되지 않은 기형 암종양세포(4장에서 설명)가 따로따로 집합을 형성
하고 있는 것을 잘 알 수 있다

고 있던 때의 일이다. 1960년대에 필자가 교토 대학의 새 연구실을 주관하
게 되었을 때, 세포의 접착과 선별 문제를 연구실의 큰 과제의 하나로 설정
했다. 이후 이 연구는 다케이치와 여러 젊은 학생(당시의)의 비상한 노력으
로 크게 발전했다. 이제부터 잠깐, 그 발전의 발자취를 더듬어 보기로 하자.

물리적인 가설이 옳다고 한다면, 세포의 충돌(이것은 확실히 물리적 현상이
다)은 물론 접착도 우선 무질서하게 일어날 것이다. 즉 만나자마자 서로를
인식하는 것과는 상관없이 집합된 덩어리를 형성한다. 덩어리가 형성되면

그 내부에서는 스타인버그의 가설에서 볼 수 있는 것과 같은 일정한 법칙을 좇아 "자리잡이"가 이루어져 선별이 완료되는 순서를 따를 것이다.

그러므로 최초의 충돌이 있은 직후부터 접착에 선별이 있느냐 없느냐 하는 것은, 문제를 이해하기 위해서나 물리학적인 사고방식을 평가하기 위해 중요한 핵심이 된다. 이것을 정확하게 알기 위해서는 혼합한 A형 세포와 B형 세포를 산 채로 구별할 수 있을 만한 기술을 도입할 필요가 있다.

그러기 위해서 한쪽 세포만 산 채로 플루오리스세인이라고 하는 형광색소(螢光色素)로 염색하고, 염색하지 않은 다른 한쪽의 세포와 혼합하여 형광현미경으로 관찰해 본다.

〈사진 19〉를 보고 금방 알 수 있듯이, 혼합 직후 한 덩어리가 아직 수 개 내지 수십 개의 작은 것일 때부터, 이미 염색된 세포와 염색되지 않은 세포가 확실히 선별되어 있다. 즉 세포는 만난 직후부터 선별(인식)을 하고 있는 것이다.

이런 사실은 물리학적인 가설만으로는 설명이 곤란하다. 접착과 선별은 가까이할 수도 멀리할 수도 없는 즉, 부측불리(不則不離)의 현상이며, 아마도 각 세포의 형에 따라 다른 접착분자가 세포 표면에, 같은 접착분자를 가진 것만이 접착할 수 있는 것이라고 해석된다.

접착, 선별을 하는 분자가 있을 것이라는 예측에는 또 하나의 다른 근거가 있다. 예로부터 세포의 접착에는 칼슘이 필요하다고 했다. 그러나 자세히 조사해 보니 세포의 접착에는 칼슘을 요구하는 경우와 요구하지 않는 두 가지 양식이 항상 존재하며, 요구하지 않을 경우에는 물리적인 힘이

크게(완전하지 않은) 접착에 작용하지만, 요구하고 있을 경우는 그렇지 않아, 아무래도 접착분자의 작용이 필요하다는 견해에 이르게 되었던 것이다.

그래서 이 칼슘의 존재 하에서 세포끼리의 접착(그것은 동시에 선별 기능도 하고 있다)을 위한 분자를 찾게 되는 것이다. 그러면 어떻게 해서 찾는가? 그 주역은 단클론 항체법이라고 하는, 이른바 세상 사람들이 말하는 세포공학(細胞工學)의 대표적인 기술이다.

단클론 항체법을 사용하여—카드헤린의 발견

어떤 세포에 미지의, 더구나 특별한 기능을 가진 분자가 있다고 상정되었을 경우, 그 분자를 검출하는 방법으로써 항원(抗原)과 항체(抗體)를 이용하는 것은 예로부터 행해져 왔다.

그런데 세포에는 당연한 일이지만, 무한에 가까운 수의 항원이 되는 분자가 존재한다. 따라서 어떤 세포를 으깨어서 이를 토끼에 주사해 보면 만들어지는 항체의 종류가 다수이기 때문에, 이 중에서 특별히 목표로 하는 항원(분자)에만 반응하는 항체를 선별한다는 것이 거의 불가능했다.

이 곤란은 세포공학적 방법으로 극복했다. 이 방법의 창시자인 밀스타인과 헬러는 1984년에 노벨 의학·생리학상을 수상했다. 그 절차를 〈그림 20〉에 나타냈다.

지금 생쥐의 세포를 으깨서 집쥐에 주사한 후 얼마쯤 시간이 경과하면,

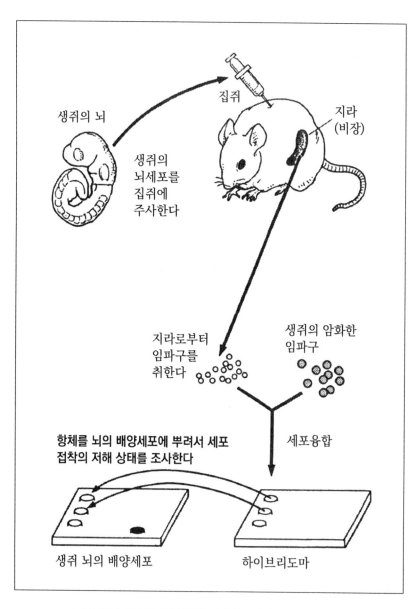

생쥐의 뇌

집쥐

지라
(비장)

생쥐의
뇌세포를
집쥐에
주사한다

지라로부터
임파구를
취한다

생쥐의 암화한
임파구

항체를 뇌의 배양세포에 뿌려서 세포
접착의 저해 상태를 조사한다

세포융합

생쥐 뇌의 배양세포

하이브리도마

〈그림 20〉 생쥐 뇌세포의 접착을 저해하는 단(單)클론 항체의 작성

그 집쥐의 지라(비장)에 생쥐 세포에 대항하는 항체를 만들기 시작하고 있는 세포가 수많이 생긴다. 그 하나하나를 시험관 속에서, 얼마든지 증식할 수 있는 세포와 융합시켜 잡종세포(hybridoma)를 만든다. 이런 세포는 양친에 해당하는 세포의 성질, 즉 항체를 만드는 성질과 잘 증식하는 성질을 더불어 갖추고 있다.

즉 〈그림 20〉의 오른쪽 밑 플레이트의 각각의 구멍은 1개의 잡종세포로부터 증식을 시작한, 항체를 만드는 세포의 클론(단일 기원에서 출발하여 서로가 유전적으로 완전히 동일한 세포 또는 개체의 집단을 말한다. 4장에서 자세히 소개한다)을 얻는다.

그런데 1개의 항체를 만드는 세포는 한 종류의 항체밖에는 만들지 않는다는 것을 알고 있다. 〈그림 20〉의 플레이트 구멍 속의 클론은 한 종류마다 각각 다른 항체를 만들고 있다. 그러므로 주사한 생쥐 세포에 수백 종류의 다른 항원분자가 있더라도, 이치상으로 말하면 각각의 구멍 속 세포가 만드는 항체는 한 종류뿐인 것이다.

그렇다면 목표로 하는 분자와 반응하는 항체는 어느 구멍 속에서 만들어지고 있을까? 우리가 목표로 하는 것은 세포의 접착에 작용하는 분자이다. 그러므로 그 분자에 대한 항체는 세포끼리의 접착—그리고 아마 선별도—이 일어나는 것을 방해할 것이다.

그래서 각 구멍 속의 항체—세포가 만들어서 배양액 속으로 방출하고 있는—를 모조리 그런 작용을 가졌는지 어떤지 하나씩 조사해 보았다.

수천에 이르는 테스트 중에서 다행히도 확실히 그런 작용이 있는 항체가 하나 발견되었다. 노력은 헛되지 않았던 것이다. 이렇게 되면 일은 성공한 것으로서, 이런 항체를 사용하여 이것과 반응하는 분자를 생화학적으로 검증해 나가면 된다.

물론 실제의 실험은 좀처럼 순조롭게 진행되지 않아 여러 가지 고생이 따랐지만, 칼슘의 존재 아래서 세포의 접착에 관여하는 분자량 약 12만 4천의 단백질이 발견되었다. 이것을 "카드헤린"이라고 명명했다. 칼슘(Calcium)이 있는 곳에서 접착(Adhesion)하게 하는 분자라는 뜻이다.

포유류의 발생을 조사하다

이 일련의 연구에 어떤 세포가 사용되었느냐고 하는 것이 매우 중요하다. 교토대학 그룹은 주로 기형 암종양세포라고 부르는 일종의 암세포를 사용했다. 이 세포는 불가사의한 성질을 갖고 있다.

이는 4장에서 더 자세하게 설명하겠지만, 한마디로 말하면 암세포와 같은 성질을 갖고 있어서 무한히 증식하는 한편, 어떤 조건에다 옮겨 놓으면 암과 같아지는 성질을 버리고 분화한다. 더구나 생쥐의 온몸에 있는 거의 모든 다종다양한 형의 세포로 분화할 수 있다.

따라서 이 세포는 초기 배세포의 성질을 잘 보유하면서 암과 같은 행동을 취한다고 생각했다.

사실이 그러하다. 그것은 이 암 비슷한 세포의 표면에 있는 카드헤린과

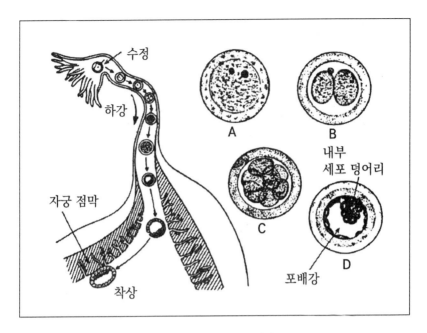

〈그림 21〉 생쥐의 초기 방생
오른쪽에 수정 후의 발생상황을 A~D로 나타냈고, 왼쪽에는 발생이 진행함에 따라 자궁 내를 하강하여 착상하는 것을 나타냈다(『생물』 가이류도 출판에서)

똑같은 분자가, 발생 개시 직후의 젊은 생쥐의 배세포 표면에도 있기 때문이다. 이것은 생물학상 중요한 의의가 있다.

그러므로 이 사실을 이용함으로써, 단순히 카드헤린의 생화학적 연구뿐만 아니라, 이 배 발생의 분자적인 근거까지도 이해할 수 있을지 모르는 것이다.

여기서 잠시 포유류의 초기 발생에 대해 생쥐의 예를 들어 간단히 설명할 필요가 있겠다. 고등학교 수준의 생물 교과서에서는 발생에 대해 전적으로 개구리나 성게만을 다룰 뿐, 사람을 포함한 포유류의 발생이라고 하는 중요한 사항은 거의 교재로서 취급하지 않기 때문이다.

〈그림 21〉을 보자. 생쥐의 모체 내에서 일어나는 발생의 시작은 개구리나 성게에 대해서 여러분이 이미 알고 있는 것과 같다. 즉 세포는 2개, 4개로 분열해 간다. 생쥐의 알이라고 하는 것은 거의 난황(卵黃)이 없기 때문에 이러한 분열이 개구리에서 더 규칙적으로 일어난다.

세 번을 분열하여 세포가 8개까지 발생했을 때, 개구리나 성게에서는 일어나지 않는 중요한 사건이 발생한다. 그것은 "콤팩션"(compaction)이라고 불리는 것으로서, 즉 배 전체가 갑자기 콤팩트하게 되는 것이다.

여기까지는, 분열하여 만든 8개의 세포가 모두 껍질 속에 갇혀 있기 때문에 타동적으로 서로 접촉하고 있다. 더군다나 이 사건으로 세포들은 서로 빈틈없이 딱 접착해서 세포의 형태도 바뀌고 배 전체가 소형화된다. 말하자면 여기서부터 진짜 다세포동물다운 체제가 시작되는 것이다.

발생이 더 진행되어 세포가 32개가 되면, 배 중앙에 커다란 빈터[포배강(胞胚腔)이라고 한다]가 형성된다. 이때 세포는 바깥쪽의 벽을 이루는 것과 그 벽의 안쪽에 접착한 세포(내부 세포 덩어리라고 한다)로 구분된다. 실은 새로운 생쥐의 몸에서 자라는 세포의 전부는 후자로부터 발생하는 것이다. 전자인 벽의 세포는 이윽고 착상(着床)했을 때, 자궁 내면과 접착하여 태반을 형성한다.

이것이 생쥐가 발생하는 대강의 과정인데, 사람을 포함한 거의 모든 포유류에 공통되는 과정이다.

신체 형성과 카드헤린

카드헤린은 이같이 젊은 배 세포의 표면에도 확실히 존재하고 있다. 그리고 이 접착분자가, 배가 발생하여 형태를 형성해 가는 데 있어 중요한 의의를 갖는 것임을 증명할 수 있다. 이는 생쥐의 수정란을 자궁에서 꺼내 유리그릇 속에서 발생시키면, 그때 배양액에다 앞서 말한 카드헤린 분자에 대한 항체를 첨가해두는 실험으로써 알 수 있다.

이 항체는 배세포 표면에 있는 카드헤린 분자와 항원항체 반응을 하여 결합하기 때문에, 만약 이 분자가 발생에 중요한 의미를 갖는 것이라면 이러한 배양액 속에서의 발생은 이상을 가져올 것이다. 실제로 그렇다. 항체가 있으면 저 콤팩션이라고 하는 중요한 사건이 일어나지 않거나 뒤늦게 일어난다. 뒤늦게 콤팩션을 일으킨 배를, 다시 항체를 포함한 배양액 속에서 배양을 계속하면 더욱 심각한 사태가 일어난다.

생쥐의 정상적인 배에서는 세포수가 32개에 다다랐을 때, 이들이 바깥쪽 벽과 그 벽의 내면에 접착한 세포로 갈라진다는 것을 설명했다. 항체 속에서 뒤늦게 콤팩션을 일으켜 발생한 배는, 이 내부의 세포가 만들어지지 못하고, 바깥 벽만으로 이루어진 내부가 텅 빈 배가 된다.

생쥐의 몸으로 발생하는 것은 내부에 있는 세포뿐이다. 그런데 그것이 없어져 버리기 때문에, 이 항체가 발생에 얼마나 심각한 영향을 주고 있고, 나아가서는 카드헤린이 발생 초기에 몸의 기본을 형성해 나가는 과정에서 얼마나 중요한 역할을 하는 것인지를 알 수 있다.

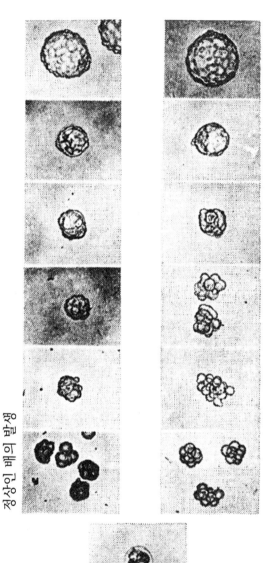

정상인 배의 발생

항체를 가한 배양액 속에서의 배 발생

〈사진 22〉 가드헤린 항체로 내부가 텅 빈 형태가 된 생쥐의 배(시라요시 등, 1984)

그러면 발생이 진행되어 기관이나 조직이 만들어지게 되면 카드헤린은 어느 세포에 있는 것일까? 그것은 피부나 소화관의 내면 등 몸의 안팎이라는 차이는 있을망정, 체표면을 덮고 있는 부분의 세포 표면에 존재해 있다. 다른 기관이나 조직, 이를테면 뇌나 척수, 심장 등에서는 어떨까?

세포와 세포가 접착하고 있는 한, 접착분자는 당연히 있어야만 할 것이다. 그리고 확실히 있다. 뇌나 척수에 있는 접착분자—칼슘의 존재 하에서 기능한다—를 분리해 보니까, 그것은 분자량에서나 아미노산의 조성과 배열에서나 피부에 있는 카드헤린과 흡사한 것이었다. 그러나 분자로서는 다소 다르다는 것을 항원항체반응에서 구별할 수 있다.

그러므로 정확하게 말해, 카드헤린은 복수 개가 있고, 체표면의 세포에 있는 것은 카드헤린 E, 뇌나 신경에 있는 것은 카드헤린 N으로 부르며 구별하기로 하자.

E 쪽은 발생 초기부터 줄곧 있으며, N 쪽은 발생 도중에 합성되어 나타날 것이다. 그리고 이 다른 카드헤린의 출현은 동물의 형태 형성에 실로 큰 의미를 갖고 있다는 것을 알게 되었다.

신경계는 뇌나 척수를 포함하여 신경관(神經管)이라고 하는 한 가닥의 관으로부터 나오는데, 이 관은 본래 표피와 하나로 이어져 있었던 세포가, 배의 표면으로부터 내부로 빠져들어가서 만들어진다. 절편으로 만든 표본에 항원항체반응을 하게 하는 면역조직학(免疫組織學)이라고 하는 기술을 사용하고, 이때 카드헤린 분자가 어떻게 되어 있는가를 조사한다.

신경관이 빠져들어가기까지 젊은 배에는 카드헤린 E뿐이다. 그런데 신경관이 형성되기 직전이 되면, 배의 표면을 덮고 있는 세포 속에 카드헤린 N을 합성하는 것이 나타나기 시작한다.

N을 가진 세포는 E를 가진 세포와 이미 사이좋게 이웃하여 생활할 수가 없고, 이들은 E를 가진 세포와 헤어지고 빠져들어가서, 거기서 신경관을 만드는 것이다.

분명 N을 가진 세포는 E를 가진 세포를 선별하는 것이다. 선별이라는 현상은 유리그릇 속에서 혼합한 세포 사이에서도 일어난다. 이 일이야말로 동물의 몸속에서 저마다의 세포가 정확하게 위치를 잡아, 몸을 형성해 가는 기본이라는 것을 잘 알 수 있다.

신경과 근육의 만남

또 한 가지 흥미로운 관찰을 소개하겠다. 분화가 끝난 근육은 다핵세포(多核細胞)이다. 즉 한 가닥의 근관(筋管)이라고 하는 기다란 한 세포 속에 수많은 세포핵이 있다. 어떻게 해서 이런 세포가 완성되는가 하면, 그것은 세포가 융합하기 때문이다.

근육세포는 처음에는 하나의 세포에 핵이 한 개 있는 보통의 세포로서, 이것을 "근원세포(筋原細胞)"라고 일컫는다. 이것들이 수많이 집합하고 융합하여 다핵으로 된 것이 완성된 근육세포다.

카드헤린을 조사해 보면, 근원세포에는 E도 N도 아닌 카드헤린 F가 있

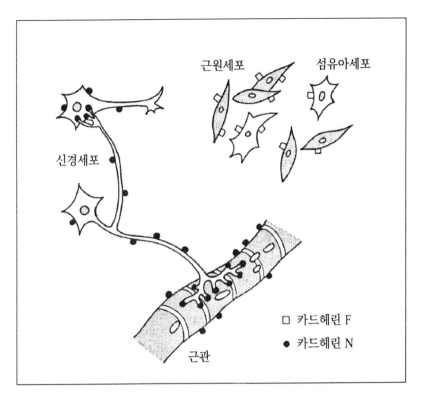

〈그림 23〉 신경과 근육의 연결
본래 섬유아세포와 같은 카드헤린 F를 갖고 있던 근원(筋原)세포는 카드헤린 N을 발현하게 되
면 융합하여 근관을 형성하고, 같은 카드헤린 N을 가진 신경세포와 접착하게 된다 (시라요시,
다케이치 『세포공학』 제4권 6호)

다. 그런데 융합하여 만들어진 근관에는 카드헤린 N, 즉 신경계의 세포와
같은 형의 카드헤린이 있다. 당연한 일이지만, 동물의 발생이 진행되면 신
경은 근육으로 들어간다. 그러나 분화를 완료하기 전의 근원세포 등에는
들어가지 않을 뿐더러, 들어간다고 해도 기능상으로 의미가 없을 것이다.

그런데 아주 공교롭게도 근관이 된 분화한 근육세포는 어김없이 카드헤린을 N형으로 바꾸어서, 신경과 융합할 수 있는 것 — 선별은 하지 않는다 — 이 되어 그것의 도착을 대기하고 있다.

이렇게 카드헤린을 포함한 세포 간 접착(인식)분자의 연구야말로 글자 그대로 "세포사회"가 성립되는 분자적 배경을 이해할 수 있게 하는 것이다.

3. 신경회로의 형성방법 탐구

신경섬유는 뻗어 나간다

방금 신경이 뻗어 나가서 근관과 접착하는 사실을 간단하게 이야기했다. 즉 신경세포의 움직임을 언급했다. 이제부터 잠시 세포의 움직임, 세포의 위치 이동 등에 대해서 이야기하자.

흔히 간과하기 쉬운 일이지만, 동물(식물보다는 동물의 경우에 각별히 중대하다)의 신체 형성에서 세포의 운동이라고 하는 것은, 세포의 분열이나 분화와 더불어 기본적인 필수 사항이다. 세포가 스스로 변형하거나 세포 자체가 이동하여 정해진 일정한 장소에 다다르고, 거기서 다른 세포와 접착한다는 사실 없이는 세포사회가 성립되지 않는다. 이런 일 가운데서도 자연의 최고 걸작이라고 할 만한 것은 동물 몸의 신경회로(神經回路)다.

그런데 신경은 전선(電線)이 아니라 세포다. 그러나 매우 특별한 형태로, 매우 특별한 기능을 발휘하는 세포다. 신경회로는 수많은 세포로 둘러쳐진 "그물코"다. 이 정교하기 그지없는 세포의 그물코에 의해서, 모든 동물의 개체는 바로 "동물"이라는 이름에 걸맞은 행동을 취하면서 지구 위를 활보하게 된다. 그리고 인간은 가장 잘 발달한 신경기능을 과시하면서 군림하고 있는 것이다.

신경세포라고 하는 것은 길고 긴 팔을 갖고 있다. 이 팔은 여기저기로 움직이면서 훌륭한 설계 아래 일정한 장소에 도달한다.

도대체 이렇게 긴 팔이 어떤 메커니즘으로 만들어지는 것일까? 정말로 세포의 일부가 뻗어 나가서 만들어지는 것일까? 아니면 뻗어 나가는 경로에 어떤 특별한 침적물(沈積物)이라도 모여서 이것이 세포와 연락하여 만들어진 것일까?

이 의문은 금세기 초부터 제기되어 왔는데, 참으로 간단한 실험을 통해 단정적인 대답을 1908년에 얻었다. 어떤 실험으로 얻은 것일까?

어떤가 보자. 어린 배 시기의 동물로부터 아직 신경섬유(즉, 신경세포에서 뻗어 나가는 긴 팔)를 만들고 있지 않은 젊은 신경세포만을 추출하여, 유리그릇 속에서 배양한 것이다. 만약 첫 번째 생각이 옳다고 한다면, 이 배양된 신경세포는 유리그릇 속에서 신경섬유를 뻗을 것이다. 이 실험으로는 아무리 해도 신경섬유가 만들어지지 않는다면, 두 번째의 사고방식을 취하지 않을 수가 없을 것이다.

실험결과는 전적으로 첫 번째 사고방식이 옳다는 것을 증명했다. 유리그릇 속으로 옮겨진 신경세포는 자꾸 신경섬유를 뻗었던 것이다.

이 실험은 미국 예일 대학의 하리슨이 실시했다. 생물학 역사에서 처음으로 세포를 유리그릇 속에서 배양하는 일을 시도한 것이 이 하리슨의 실험이다. 그리고 이 같은 실험을 시도한 목적은, "신경섬유는 어떻게 만들어지는가?"라고 하는 문제에 대답하기 위한 것이었다.

개체로부터 작은 세포의 덩어리를 잘라내 유리그릇 안에서 생명을 지속시키고, 거기서 어떤 일이 일어나는가를 현미경으로 직접 관찰해 보는 것은, 지금은 일상적인 실험기술이지만 선구자들에게는 얼마나 스릴 넘치는 시도였을까?

신경섬유의 목적지

신경회로가 어떻게 만들어지는가에 대한 연구는 막대한 수에 이르며, 이것은 지금도 수많은 연구자의 관심을 끌고 있는 매력적인 테마이다.

신경과 근육이 만날 때 양쪽이 같은 카드헤린 N을 갖고 있다는 것은 이미 앞에서 말했지만, 이것만으로는 어느 신경이 어느 지정된 근육으로 들어가느냐고 하는 질문에는 만족할 만한 대답이 되지 못한다. 실제로 일정한 신경섬유는 훌륭한 엄밀성을 지니고서 일정한 근육으로만 들어가 있다. 이것으로써 동물의 조화된 몸의 운동이 가능해지는 것이다.

신경과 그것이 들어갈 세포 사이에 어느 정도로 정교한 대응관계가 성립되어 있는가를 이해하고자 상당히 전에 행해진 실험결과를 살펴보기로 하자.

개구리나 닭, 사람 모두 그 뇌나 척수가 배의 극히 초기부터 만들어지고 있다. 그리고 척수의 좌우에는 신경세포의 덩어리—척수신경절이라고 부른다—가 몇 쌍 얌전하게 늘어서 있다.

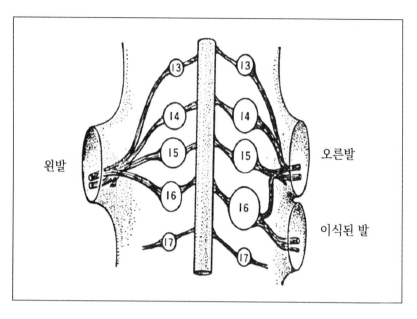

**〈그림 24〉 보통 오른발 뒤쪽에 이식한 발에도 정상인 신경절로부터의 섬유가 들어간다.
제16절은 특히 커져 있다**

이 신경절(神經節)에 있는 신경세포로부터 신경섬유가 뻗어 나가 팔과 발로 들어가는 것이다. 이를테면 닭의 배에서는 앞발─닭이기 때문에 앞발이란 즉 날개이다─에 제13, 제14, 제15, 제16, 4개의 신경절의 신경세포로부터 뻗어 나온 신경이 들어간다.

그래서 약간 장난을 쳐보기로 한다. 신경절이 잘 발달되어 있어도 발은 아직 봉오리처럼 부풀어 있을 뿐, 이것에는 아직 신경이 들어가 있지 않은 상태의 시기에 있는 배를 실험에 선택한다. 그리고 이 같은 배의 앞발의 지뢰를 잘라내 정상으로 있어야 하는 장소보다 약간 뒤쪽으로 처지게 옮겨 둔다.

이 발로 과연 신경이 들어갈까? 들어갈 수 있다. 왜냐하면 이런 기묘한 위치에 있는 발도 정상적으로 운동을 하기 때문이다. 그렇다면 그 신경은 어느 신경절에서 들어왔을까?

제13, 제14, 제15, 제16절 신경으로부터 나온 신경섬유가 먼 길을 돌아서 온 것이다. 이 묘한 위치에 만들어진 발이 정상으로 운동할 수 있는 것도, 이같이 그 속으로 들어간 신경이 정상적인 신경으로부터 왔기 때문인지 모른다.

다음에는 위치를 처지게 하는 대신, 다른 배로부터 취해온 지뢰를 보통의 앞발 지뢰 바로 뒤쪽에 이식해 보자(그림 24). 이 배는 결국 5개의 지뢰를 갖게 된다. 이 다섯 번째 지뢰도 보통과 마찬가지로 훌륭하게 발생하고 운동도 할 수 있다. 그렇다면 이 다섯 번째 발의 신경은 어느 신경절의 세포로부터 뻗어 나온 것일까?

"잠깐! 신중하게 대답할 건데, 아마도 제13~제16절, 즉 보통의 앞발로 신경섬유를 제공하고 있는 신경절의 세포로부터 왔을 거야."

"아니, 그 대답으로 되겠어? 이번에는 확실히 보통의 앞발도 그대로 남아 있는데."

"그렇군. 그렇다면 제13~제16절로부터 나오는 신경섬유를 절반씩, 보통 발과 나중에 이식한 발에다 사이좋게 분배하는 것이겠지."

"그렇다면 각각의 발로 들어간 신경량이 절반이 되겠군. 그래도 정상적인 운동을 할 수 있을까?"

사실은 그렇다. 제13~16의 신경절에 있는 신경세포, 특히 제16절 근처의 신경절 세포는, 인간이 장난삼아 이식한 다섯 번째 발에도 어떻게든지 신경을 제공하려고, 필사적인 노력을 시도하여 자꾸 세포분열을 하는 것이다. 그리하여 결국은 제13~16절의 신경세포만으로 이럭저럭 2개 몫의 발로 들어갈 정도의 섬유를 조달하는 것이다.

신경절은 신체의 앞뒤로 여러 개가 늘어서 있다. 그러나 제한된 제13~16절의 신경세포에서 나온 섬유만이 앞발로 들어간다. 물론 뒷발에는 어느 신경절 세포의 섬유가 들어가야 할 것인가도 정해져 있다. 그러므로 섬유가 도달하는 목표라는 것은 절대적이라고 해도 될 만큼 정확하게 정해져 있는 셈이다.

그렇다면 이번에는 앞발의 지뢰를 신경섬유가 들어가기 전에 잘라내버린다면 어떻게 될까? "나는 앞발로 들어가야 한다" 하고 책임을 느끼고 있을 터인 제13~16절 신경세포로부터의 섬유는 어떻게 될까? 뒷발에나 들어가서 책임을 회피해도 낙착될 수 있을까?

아니다. 이들 섬유는 어쨌든 간에, 어떻게 해서든지 그루터기까지 도달하여, 거기서 섬유의 성장이 정지한다. 그뿐이 아니다. 나아가 이제는 신경섬유를 더 이상 뻗어 나갈 필요도, 제공할 필요도 없다는 것을 신경절 쪽에서 감지하는 것이 아닐까? 이제부터 제13~16절의 신경절 신경세포가 자꾸만 죽어가는 것이다.

이 실험의 예에서, 신경과 그것이 들어가야 할 장소와의 대응관계가 얼마나 훌륭한 것인가를 이해했으리라 믿는다. 이런 예를 하나하나 들자면 끝이 없기 때문에, 이제부터 한 가지만 예를 들어서 여태까지 어떤 재미있는 사실을 알고 있으며, 또 현재 어떤 연구가 행해지고 있는가를 소개하겠다. 듣고 싶은 예로는 망막-시신경-뇌라고 하는 시각(視覺), 즉 물체를 보기 위한 일련의 시스템에 대한 것이다.

시신경의 배선을 캐본다

동물은 눈을 사용하여 물체를 보고 있다. 눈으로 들어간 빛은 눈 뒷벽의 안쪽에 있는 망막에서 감지된다. 망막은 빛을 감지할 수 있는 감각세포가 늘어서서 층을 이룬 것이다. 눈의 구조는 뒤에 나오는 그림을 참고하기 바란다(그림 40).

한편 뇌에는 빛의 감각을 받아들이는 시각중추가 있다. 망막으로부터는 시신경이라고 하는 신경이 나와 있고, 그 신경섬유의 앞 끝은 시각중추의 세포에 골고루 닿아 있다. 또 여태까지의 설명으로부터도 금방 상상할 수 있듯이, 시신경은 시각중추에만 도달할 수 있는 특별한 메커니즘이 있을 것이다.

그뿐이 아니다. 어느 한 망막세포로부터 나온 신경섬유가 뇌의 시각중추의 어느 세포와 연락하고 있는지, 그런 세포의 배선까지도 아마 정확하게 정해져 있을 것이 틀림없다. 그렇기 때문에 우리는 이토록 복잡한 세상을 아무 힘도 들이지 않고 식별하고 있을 것이다.

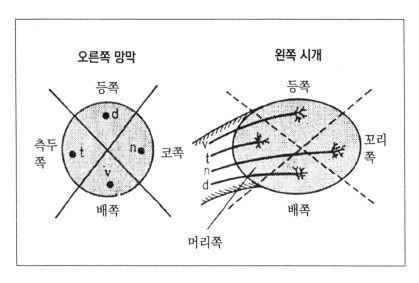

〈그림 25〉 망막의 뇌 시각중추(視盖)로의 투영 지도
오른쪽 눈 망막의 각부 시신경(v, t, n, d)이 오른쪽 그림에 있듯이, 왼쪽 뇌 시개의 정해진 부분
으로 연결됨으로써, 망막의 영상이 시각중추에 투영된다 (후지사와 『세포공학』 제4권 7호에서)

실제로 그렇게 되어 있다. 개구리나 물고기에서는 이런 실험이 성공했
다. 암실 내에서, 이를테면 개구리 눈 망막의 극히 일부분에만 미세한 광선
을 쬐어 본다. 한편 이에 대해 개구리 뇌의 어느 일정한 장소만이 감각을
받고 있는지 어떤지를 조사해 본다. 그러자면 뇌 시각중추의 여기저기에다
가느다란 전극을 삽입하여, 감각을 받음으로써 전기적 변화가 일어나고 있
는 부분이 어디에 있는가를 관찰한다. 어쨌든 처음에는 마구잡이로 여기저
기를 찾아다녀야 했지만, 운 좋게 그런 변화가 있는 부분이 발견되었다.

다음에는 첫 번째와 다른 망막 부분에다 빛을 쬐어서, 뇌에서 변화가

〈그림 26〉 먹이와 반대로 움직이는 가엾은 개구리

일어나는 부분을 조사한다. 이 절차를 여러 번 계속한다. 처음 몇 번은 뇌 전체를 찾아다녀야 할지 모르지만, 좀 지나고 나면 탐색 장소가 꽤 한정되기 때문에 실험이 다소 수월해질 것이다. 이렇게 망막 각 부분에 대한 시각중추의 "투영지도(投影地圖)"라고 할 만한 것을 만드는 데 성공했다.

〈그림 25〉는 그런 투영지도를 아주 간략화하여 그린 것이다. 이미 알 것이라고 생각하지만, 시신경은 교차하여 뇌로 들어가기 때문에 오른쪽 눈 망막의 신경섬유는 왼쪽, 왼쪽 망막의 신경섬유는 오른쪽 뇌의 시각중추로 들어가게 된다.

이 같은 망막과 뇌 사이의 신경배선 성립에 대해 연구하는 한 가지 방법은, 앞에서 발로 들어가는 신경에 대해서 설명한 것과 같다. 이번 실험에는 개구리나 영원류가 많이 사용되었다. 이런 동물의 젊은, 아직도 신경이 뇌로 들어가 있지 않은 배의 눈―이미 뚜렷하게 형성되어 있다―을 180도 회전한다.

그래도 시신경의 투영은 정상적으로 이루어지고 있는 것 같다. 이것은 이 같은 눈의 회전 수술을 받은 뒤에 자란 개구리도 정확하게 먹이를 잡을 수가 있기 때문이다. 즉 눈의 회전에도 불구하고 정확히 투영되도록 수복(修復)되는 것을 볼 때, 생물이 지니고 있는 헤아릴 수 없을 만한 유연성에 그저 경탄할 뿐이다.

다음에는 좀 더 발생이 진행되어 시신경이 망막으로부터 뻗기 시작하는 직전 시기의 배에 같은 회전 수술을 해본다. 그러면 결과는 다르게 나타난다.

이 같은 수술을 받고 자란 개구리도 물체를 볼 수가 있다. 그것은 주어진 먹이에 분명히 큰 관심을 나타내기 때문이다. 그러나 도무지 먹이를 잡을 수가 없다. 아주 묘한 행동을 하기 때문이다. 가엾게도 이 개구리는 먹이가 오른쪽으로 움직이면, 그것이 왼쪽으로 움직이는 것처럼 보이는지 왼쪽으로 움직이며, 먹이가 위로 움직이면 그것이 아래쪽으로 움직이고 있는 것처럼 보이는지 부지런히 아래쪽을 찾고 있다.

뇌의 망막투영도는 어떨까? 정말로 멋진 기하학적 정확성으로 깨끗이 180도 뒤집혀 있다. 즉 이 수술을 받은 배는 시신경의 투영에서 이미 본래의 유연성을 상실해버린 것이다.

정확한 목적지에 도달하기 위해서

아무튼 어떤 실험 결과든 망막 상의 각 부분과 거기서부터 뻗어 나간 시신경이 들어가는 뇌의 장소와는 참으로 훌륭한 대응이 이루어져 있고, 신경이 정교하게 배선된다는 것을 보여 주고 있다. 이 같은 신경회로의 성립은 어떤 메커니즘으로 가능할까? 예로부터 수많은 설이 제창되어 왔는데, 요약하면 다음 두 가지로 구분할 수 있을 것이다.

첫째는 신경이 뻗어 나갈 도로(또는 레일)가 몸속에 깔려 있을 것이라는 사고방식이다. 이 생각은 메뚜기나 초파리 등에서는 들어맞는 것 같다는 것을 알고 있다. 둘째는 뇌의 각 부분으로부터 다른 물질이 방출되어, 이것

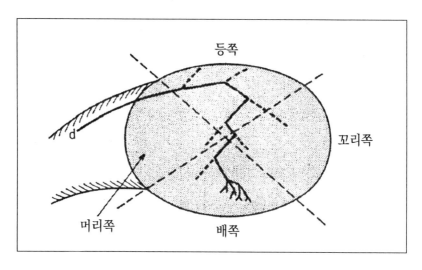

등쪽

꼬리쪽

d

머리쪽

배쪽

〈그림 27〉 재생 시신경의 시개로의 투영과정

본래 시개(視蓋) 배 쪽으로 투영해야 할 망막 배 쪽에서 뻗어 나온 재생 시신경(d)이 시개의 그릇된 부위로 침입하더라도, 여기저기로 가지를 만들면서 결국 시개의 배 쪽으로 투영하기까지의 과정을 모식화하고 있다. 정확한 부위에 도달하지 못한 신경섬유는 퇴화되어 버린다(그림 중 점선).

에 신경이 끌어당겨지고 있을 것이라는 견해다.

물고기나 개구리 종류는 이 문제를 연구하기 위한 실험 재료로서 특별한 이점이 있다. 그것은 이런 동물에서는 이미 만들어진 시신경을 절단하더라도, 본래와 같은 회로를 한 치의 착오도 없이, 완벽하게 재생할 수 있기 때문이다. 이것을 이용하여 절단된 신경이 뇌의 정확한 장소에 도달하는 데는 어떤 메커니즘이 있는가를 조사할 수 있다.

이런 실험은 수없이 발표되었지만, 그중에서도 일본의 교토 부림 의대의 후지사와가 한 관찰이 특히 뛰어나다. 개구리나 영원을 사용한 이 연구에서는, 재생 중인 시신경에만 특별한 염색을 해서 산채로 그것이 뻗어 나가는 경로를 관찰할 수 있게 한 것이다. 그 결과는 단순히 이 특별한 문제뿐만 아니라, 생물을 이해하기 위한 우리의 일반적인 관점을 얻기 위해서도 매우 교훈적인 것을 포함하고 있다.

절단된 시신경이 재생하여 뻗어 나오는 경로는 전적으로 무질서하다 (그림 27). 지도도 없는 등산가가 산정을 향해서 여기저기로 방황하고 있는 것과 같은 상태다. 도무지 하이웨이도 레일도 있을 것 같지가 않다. 이 같은 방황 속에서 우연하게도 정확한 위치에 접근하게 되면, 거기서부터 마지막 단계만은 여기가 바로 목적지이다 하는 식으로, 똑바로 산정에 도달하는 듯하다.

끝까지 정확한 위치에 접근할 수 없는 신경섬유는 어떻게 될까? 놀랍게도 그것들은 죽고 만다. 재생의 경우뿐만 아니라 정상 발생의 경우에도 같은 경과를 더듬어서, 이 시신경의 뇌로의 투영(投影)이 이루어지고 있는 것 같다.

망막을 출발한 시신경을, 뇌라고 하는 멀리 떨어져 있는 장소로부터 "이쪽으로 와라" 하고 유인하는 어떤 물질은 없는 것 같다. 시신경이 원거리를 여행하는 경로는 마구잡이인 듯하다.

A라는 곳에서부터 D라는 곳으로 향하는 데는, B라는 지점을 멀리 우회해서 가는 낭비도 하는 것 같다. 그러나 우연히 C라는 지점 근처까지 접근하면 사태가 달라진다. 거기서부터는 방황하지 않고 목적지에 정확하게 도달하며, 거기서 뇌세포와 접착하고 더 이상 뻗어 나가지 않는다. 이 마지막

단계, 즉 C지점 근처에 도달한 뒤부터는 역시 어떤 물질의 분자가 작용하고 있는 것이라고 추측할 수 있다.

각기 다른 시신경이 뇌 시각중추 속의 각기 다른 장소로 각각 도착하는 것을 볼 때, 이런 분자가 있다고 한다면 그것들은 시각중추 각부마다 다른 분자가 존재하고 있는 것일까?

이 답을 찾기 위해서 현재 활발한 연구가 진행되고 있다. 어떤 방법으로? 그것은 앞서 카드헤린 탐색에서 말한 것과 같이 단일 클론항체를 만드는 방법으로 하고 있다.

4. 세포의 대이동

하이웨이를 따라 대이동하는 것도

시신경이 망막으로부터 뇌로 대여행을 하는 것을 화제로 삼아왔는데, 실제로 이런 여행이 세포사회의 성립을 위해 필수적인 사항이 되는 경우가 많다. 방금 말한 신경이 뻗어 나가는 것은, 말하자면 신경세포의 팔이 뻗어 나가는 움직임이지 세포 자체가 이동하고 있는 것은 아니다. 그러나 세포 자체가 여행하는 예도 많고, 또 그것은 중요한 일이다.

여기서는 극히 알기 쉽다고 생각되는 예를 한 가지만 소개하겠다. 그것은 생식기관의 발생에서 볼 수 있다. 동물의 생식기관은 수컷에서는 정소(精巢)라고 불리고, 암컷에서는 난소(卵巢)라고 불린다. 정소 속에는 정말로 생식 역할을 수행하는 수컷의 생식세포인 정자가, 난소에는 암컷의 생식세포인 난자가 들어 있다. 생식기관은 수컷이든 암컷이든 간에 말하자면 알맹이(생식세포)와 그것을 에워싸고 있는 주머니로 구성되어 있다.

발생의 극히 초기에 있는 배라고 불리는 젊은 동물을 살펴보면 사람이든 생쥐이든 닭이든 개구리든 생식기관은 주머니만으로 성립되어 있고, 알맹이인 중요한 생식세포가 없이 텅 비어 있다. 그렇다면 생식세포는 어디

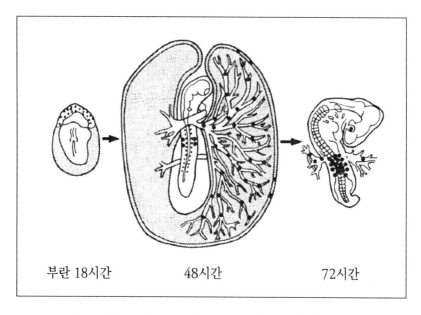

〈그림 28〉 닭의 발생과정에서 시원생식세포의 이동

알을 품기 시작한 지 18시간쯤 지난 후 시원생식세포는 배의 앞쪽 부위에 나타나고(검은 점),
이윽고 배의 혈관 속을 순환하여, 72시간 정도 지나면 생식소 원기(原基)로 모여간다(『세포공
학』 제4권 6호에서)

부란 18시간　　　　48시간　　　　72시간

에 있을까? 젊은 배에는 생식세포가 없는 것일까? 아니다. 어김없이 있다.
어디에? 몸속 여기저기에 흩어져 있다.

　　그러나 성장한 동물의 몸에서는 생식세포가 생식소(生殖巢) 속에만 있
고 몸의 다른 장소에서는 발견되지 않는다. 도대체 왜 이렇게 되는 것일
까? 배의 여기저기에 있는 생식세포는[아직 생식기능이라고 할 기능이 없
는 세포이기 때문에 보통 시원(始原)생식세포라고 부른다] 몸속을, 이를테
면 혈관 속으로 들어가서 뱅뱅 돌아다니고 있다. 그런데 이 체내에서 목표

도 없는 여행을 하다가 생식소의 주머니로 들어가게 되면, 이들 세포는 거기가 아주 마음에 들어 여행을 중지하고 그대로 거기에 정착해 버린다.

이런 일이 가능할 수 있는 것은, (시원)생식세포가 그 정착처인 생식소 주머니를 다른 여러 가지 조직이나 기관으로부터 선별(選別)하는 능력이 있기 때문이라고 해도 될 것이다.

세포가 대여행으로 정확한 위치에 당도하고, 거기서 비로소 올바로 분화하여 온전한 기능을 발휘하는 예는 상상하는 것보다 훨씬 더 많다. 우리 몸을 두르고 있는 말초신경이라고 하는 것은, 단순히 세포가 뻗어 나간 것이 아니라, 세포 자체의 이동으로 만들어진다. 동물의 몸에는 여러 가지 색소를 가진 세포가 있다. 색소를 가진 세포는 어느 일정한 곳에 모여서 반문(斑紋: 얼룩무늬)을 만들고 있다. 이들 세포도 대여행을 거친 뒤에 일정한 장소에 집합하게 된다.

이러한 세포 자체의 여행은 그 경로가 무질서하지 않고, 정확하게 하이웨이 위를 달려가는 경우도 많다. 그리고 하이웨이 위에는 이 직분을 수행하기 위해 아스팔트는 아니지만 튼튼한 단백질이 존재한다는 것도 알려져 있다.

이동하는 세포에다 표지를 한다

말할 것도 없이 혈관 속에는 혈구(血球)세포가 있다. 그러나 그 어떤 혈구세포도 본래 혈관 속에서 만들어지지 않고 처음에는 다른 장소에서 태어난다. 그러나 일단 혈관 속으로 들어가면 혈류를 타고 몸속을 돌아다니게 된다.

세포사회가 성립되기 위한 제1의 필수조건이 세포끼리의 접착과 선별이라고 하는 것은 이미 지나치리만큼 충분히 역설해 왔다. 그러나 모든 세포가 모조리 접착한다고 해서 이 사회가 유지되지는 않는다. 처음에는 일단 접착해 있다가도 중간에 떨어져 나가 여행을 하는 것도 있는데, 앞의 보기에서 보았듯이 시원생식세포나 색소세포와 같은 것은, 언젠가는 적당한 다른 장소에서 다시 한번 접착하여 정착한다.

혈관 속의 혈구세포는 어떠할까? 확실히 언제까지나 끊임없이 돌아다

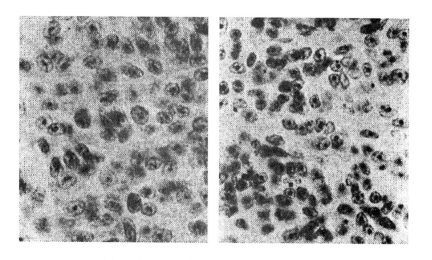

〈사진 29〉 닭의 세포(왼쪽)와 메추라기의 세포(오른쪽)
메추라기 세포는 핵에 있는 핵소체가 크고 짙게 염색되므로 쉽게 닭세포와 구별이 된다(나카무라 박사 제공)

〈사진 30〉 르 드와랑 여사(오른쪽)와 저자. 1986년 교토에서

니고 있는 것 같다. 그러나 나름대로, 때로는 일정한 장소에 머물러서 하룻
밤을 쉬어 가는 것도 있다.

그런 일이 규칙적으로 일어나고 있다. 어디에서 하룻밤을 보냈느냐고
하는 것이, 그 세포의 분화나 기능에 중요한 의의를 지니고 있다면, 이것은
매우 흥미 있는 일이다. 더구나 사람을 비롯하여 고등동물의 생명 유지에
필수적인 면역이라고 하는 현상에 작용하는 세포가, 실은 이와 같은 예라
고 한다면 이것은 단순히 흥미롭다는 선을 넘어선 중대한 문제라고 할 수
있다.

"이동하는 세포"의 행방과 그 운명을 다세포동물의 몸속에서 정확하게 알아낸다는 것은 과거에는 매우 곤란했다. 어쨌든 움직이고 또 이동하는 것이기 때문에, 죽어서 표본으로 만들어 현미경으로 관찰하는 것만으로는 아무런 정보도 얻지 못한다. 그런 까닭에 움직이는 세포의 연구에는, 움직이고 있는 세포에다 특별한 표지를 해두고, 이 표지를 한 세포를 살려두고서 어느 일정한 시간이 경과한 후에 그 세포가 어디에 위치하고 있는가를 알아내는 방법이 필요하다.

1970년대에 프랑스 낭트 대학(당시)의 르 드와랑 여사는 우연히 메추라기의 세포핵이 닭의 세포핵과는 달리 현미경 아래서 한 눈으로 구별된다는 사실을 발견했다. 이 단순한 관찰로 비로소 "이동하는 세포"의 정확한 연구가 가능해졌다(사진 29).

이 연구의 기본적인 절차는 다음과 같다. 젊은 메추라기 배로부터, 이제부터 이동할 것이라고 예상되는 세포 덩어리(즉 접착해 있는 상태이다)를 추출하여 닭의 배에 이식한다. 이렇게 닭과 메추라기 사이의 키메라를 만들고, 적당한 날이 지난 뒤, 조직 절편을 현미경으로 관찰하면, 이식한 메추라기세포—얼핏 보아도 닭의 세포와 구별된다—가 어디로 이동했으며, 어디에 정착했는가 등을 확실히 알 수 있다.

이 연구방법으로 르 드와랑 여사는 예로부터 연구되어 오면서도 확실하지 않았던 신경계 및 면역계의 발생에 대한 최초의 믿을 만한 연구를 10년 사이에 완성했다.

그러면 여기서는 면역세포에 대한 연구를 소개하기로 한다. 면역이라고 하는 현상은 몇몇 다른 형의 세포가 협력하는 참으로 복잡한 현상인데, 여기서 말하는 것은 항체, 즉 면역글로불린을 만드는 말하자면 면역계 전체 중에서도 주역을 맡고 있는 임파세포에 대한 것이다.

임파세포(구)의 기원을 캔다

임파구에는 크게 나누어서 T임파구와 B임파구가 있다. 각각 분자적으로 다른 물질을 합성하며, 다른 역할을 담당하면서도, 더불어 우리 몸을 이물로부터 방어하는 역할을 수행하고 있다.

T임파구라는 이름은 이 세포가 흉선(胸腺: Thymus)에서 만들어지는 것 같다는 데서 유래했다. B라고 하는 이름의 세포는 파브리치우스낭(Bursa of Fabricius)에서 만들어지는 것 같다는 데서 유래하고 있다(사진 31).

그런데 파브리치우스낭(囊)이라고 하는 것은 조류(鳥類)의 항문 가까이에 있는 기관으로서, 다른 동물에는 이것이 없다. 따라서 조류 이외에는 B세포만을 만드는 특별한 기관이 눈에 띄지 않는다. 이 사실로부터 전적으로 우연이기는 하지만, 닭과 메추라기의 키메라를 만들어서 임파구 발생을 조사하는 것은 특별한 이점이 있었다고 하겠다.

그런데 초기 배의 흉선과 파브리치우스낭에는 임파구가 들어 있지 않다. 이것들은 외부로부터 온다. 즉 앞에서 생식세포에 대해서 말한 것과 같은 상태다. 어디서 오는 것일까? 그것들은 배의 복부에 있는 "혈도(血

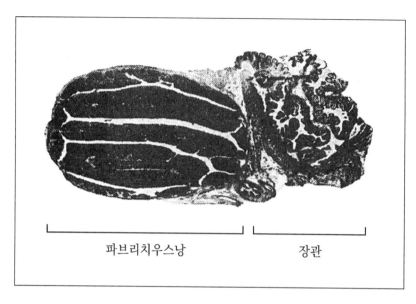

파브리치우스낭   장관

〈사진 31〉 닭 병아리의 파브리치우스낭. 장관(腸管)과의 위치 관계를 가리킨다

島)"라고 불리는 부분에서 온다.

　이것은 메추라기의 혈도를 취해서 닭의 배에 이식하면, 그것에서부터 발생하여 만들어진 키메라의 임파구가 메추라기의 것임을 알 수 있다. 또한 혈도로부터 출발한 세포가 흉선이라든가 파브리치우스로 들어가면, 거기서 비로소 T세포나 B세포에 걸맞은 성질을 갖추어서 다시 혈류 속으로 나와 전신을 돌아다니게 된다. 혈도로부터 출발한 세포가 파브리치우스낭으로 들어가는 메커니즘은 실로 교묘하게 만들어져 있다. 세포는 규칙적으로 일정한 시간 간격을 두고서, 물결 모양으로 파브리치우스낭으로 들어간다. 파브리치우스낭에서는 분명히 세포를 유인하는 작용이 있는 물질이 분비되고 있고, 그 합성이 일정한 시간 간격을 두고 일어난다는 것은 세포가 물결 모양으로 침입해 오는 것의 원인이라고 할 수 있다.

파브리치우스낭으로부터는 또 하나의 다른 물질—그것은 유인물질로 가까이 끌어당겨진 세포를 단단하게 파브리치우스낭과 접착시키는 기능을 가진 것—도 만들어진다. 각각의 분자 정체도 밝혀졌다. 유인물질 쪽은 분자량이 1000 정도의 작은 것이지만, 접착물질 쪽은 카드헤린과 같은 훨씬 고분자의 단백질이다.

이처럼 우리는 자라나는 동물의 몸속에서는 원거리 사이에도 훌륭한 정합성(整合性)이 있고, 그것으로 세포 사회의 설계도가 실현되어 간다는 사실을 배울 수가 있다.

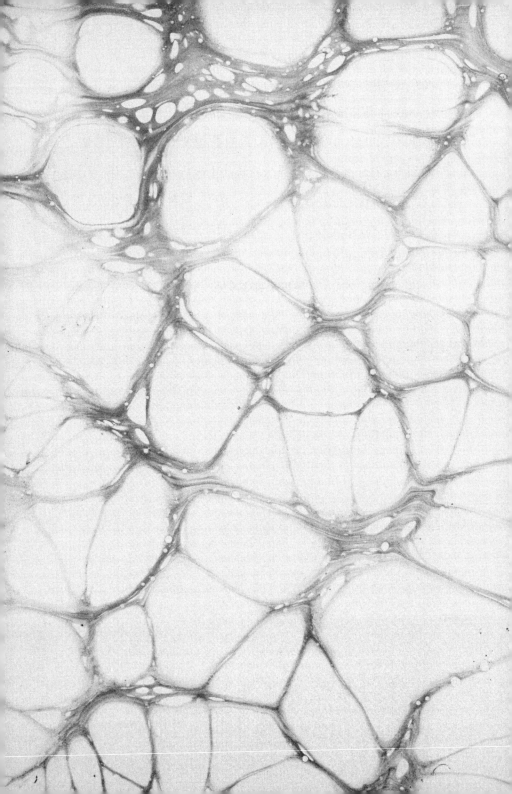

3장

세포사회의 유연성

1. 신체는 수복(修復)된다

DNA의 수복

다세포생물이라고 하는 사회의 구성원은 세포다. 수정란이라고 하는 하나의 세포로부터 출발한 발생과정에서 단순히 수많은 구성원이 태어났을 뿐만 아니라, 그들에게는 약간의 특별한 역할이 분담되어 있다. 또 이 사회에는 통신망이 훌륭하게 발달되어 있어, 전적으로 다른 일을 하고 있는 장소 사이에서도 그에 상응하는 연락—때로는 모르는 척하는 것도 중요하다—이 이루어져 전체적인 균형이 잘 유지되고 있다.

현재의 진보한 기술을 충분히 구사한다면 이 같은 하나의 시스템을 굳이 생물이 아니더라도 하나의 기계 속에 짜 넣는 일도 불가능하지 않을 것이다. 그러나 필자가 "세포의 사회"라고 부르는 다세포생물의 체제는, 공학적인 시스템으로서는 아직도 도달하기 지극히 어려운 유연성을 지닌 것이라는 점을 이제부터 여러분에게 설명하고 싶다.

필자는 이 유연성 속에서 세포사회가 지니는 가장 특징적인 성질을 찾아보고 싶다. 3장은 이 유연성이라고 하는 것이 어떠한 것인가를 해설하는 데 충당하기로 한다.

필자가 생물의 유연성이라고 형용한 것은, 지구 위에 서식하는 생물은 어떤 종류의 것이든지 자신에게 일어난 고장을 스스로 발견하고, 그것을 스스로 고쳐서 수복하는 메커니즘을 지니고 있다는 것을 말한다.

이 같은 능력은 여러 국면에서 발휘되고 있다. 그중 어떤 것은 생물의 분자 수준에서 그 반응을 볼 수 있다. 그러한 것으로 잘 알려져 있는 예는 DNA 수복효소(修復酵素)의 기능이다.

DNA는 웬만한 일로는 변화를 받지 않는 끈질긴 성질의 분자로서, 유전자라고 하는 궁극적 중요성을 지닌 생명 역할을 담당하고 있다. 그러나 이 분자도 자외선에 드러나게 되면 갈기갈기 절단된다는 약점이 있다.

말할 것도 없이 태양광선에는 자외선이 포함되어 있다. 그렇다면 이러한 성질은 생물이 일광 밑에서 살아가는 데 지극히 불편할 것이다.

실제로 DNA의 절단은 일상적으로 일어나고 있다. 생물이라고 하는 것은 참으로 정교하게 만들어진 것으로서, 이렇게 자외선의 작용으로 절단된 DNA를 다시 이어놓는 효소도 어김없이 갖고 있다. 즉 생물은 일광으로 생긴 DNA의 상처도 치유하고 수복할 수 있는 반응을 할 수 있는 것이다.

적혈구의 수지 결산은?

몸속에서 일상적으로 끊임없이 상실되는 세포를 항상 과부족함이 없게 보급할 수 있는 것도 이런 생물의 수복능력의 하나라고 해도 될 것이다. 그

대표적인 예가 우리 몸속에서의 적혈구 보급이다.

적혈구 세포, 특히 사람이나 생쥐와 같은 포유류의 적혈구에는 생명을 영위하는 원동력이자 지령을 내리는 센터인 세포핵이 없다. 그러므로 적혈구는 말하자면 폐물이 되기 직전의 우리 몸속에서 나날이 죽어가는 세포로서, 그 수는 실로 막대하다.

따라서 개체로서의 생명이 이어지는 한, 아니 생명이 유지되기 위해서는 적혈구가 계속해서 보급되지 않으면 안 된다. 이것은 도대체 어떻게 이루어지고 있을까?

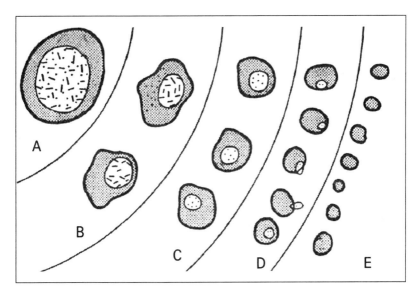

〈그림 32〉 적혈구의 형성 과정
핵이 있는 적아(赤芽)세포(A)가 증식함에 따라서 핵이 작아지고(B, C, D) 마지막에 핵이 없는 적혈구가 만들어진다(E)

개체로서의 생명이 아무리 노령에 이른 몸이라 할지라도 체내에는 "젊은" 세포가 있다. 그것은 적혈구의 "씨앗"이다. 이 "씨앗 세포"는 젊디젊어서 얼마든지 세포분열을 거듭할 수 있다. 몇 번의 분열을 거듭하고 나면 적혈구답게 붉어지는 것이다. 그리고 혈액 속의 산소를 운반하는 헤모글로빈이라고 하는 중요한 색소를 만들기 시작한다. 다시 몇 번을 분열하고 나면, 세포는 핵을 상실하고 헤모글로빈을 저장한 주머니 같은 것이 된다. 이것이 적혈구이고, 세포의 생명도 여기서 끝난다.

만약 "씨앗 세포"가 10회의 분열을 거듭할 능력을 갖고 있었다면, 한 개의 "씨앗"으로부터 1024개의 적혈구가 만들어진다. 이런 "씨앗" 덕분에 적혈구는 지체 없이 보급된다. 이 "씨앗"이 우리 몸에서는 골수라든가, 지라(비장)에 잠복해 있다. 분열이 순조롭게 이루어지고 보급이 과부족하지 않게 이루어지려면, 특별한 호르몬 상태의 분자가 중요한 기능을 해야 한다고 말하고 있다.

체내로부터 천문학적인 숫자로 상실되는 또 하나의 세포로 정자가 있다. 이를테면 돼지는 1마이크로리터(1㎖의 1000분의 1)에 10만 개의 정자세포가 있는데, 한 번 사정에 50만 마이크로리터가 방출된다. 도대체 얼마 정도의 세포가 상실되는 것일까? 계산이 귀찮을 정도다. 그러나 이들의 보급은 정소에 있는 젊은 정자의 "씨앗"에 해당하는 세포의 분열로써 이루어진다.

우리가 재수 없게 크게 다쳐서 살이 떨어져 나가기라도 하면, 그 보급도 체내에서 대기하고 있는 젊은 근육의 "씨앗"세포가 분열하여, 이윽고 근육세포로 분화함으로써 회복된다.

이같이 생물이 갖는 수복능력은, 세포의 죽음과 그 보급이라는 면에서도 완전한 준비를 갖추고 있다.

도마뱀의 꼬리

필자가 특히 생물의 유연성이라고 하는 성질을 표방하면서 3장을 정리하려는 이유는, 생물의 수복능력이 DNA의 수리와 세포의 보급에서부터 시작하여 더욱 큰 규모에까지 미치고 있기 때문이다. 생물의 유연성은 실로 모습이나 형태의 수리, 수복까지도 가능하게 하고 있다.

우선 미리 말해두지만, 사람을 포함한 포유류와 같은 이른바 고등동물은 모습과 형태를 수복하는 능력이 가장 낮은 생물이다. 그래서 우리는 생명 유지에 필수적인 이 놀라운 능력의 의의를 간과하기 쉽다.

여러분은 "도마뱀의 꼬리 자르기"라는 말을 들어본 적이 있을 것이다. 인간사회의 조직에서는, 조직 전체의 활동을 유지하기 위해 불편한 일부 구성원을, 그 조직 스스로의 손으로 배제하는 경우가 있다. 이때 배제되는 사람이 "도마뱀의 꼬리"이다. 이것은 바로 "정곡을 찌른 표현"으로서, 다세포생물의 개체는 인간이 만든 조직과 같은 유연성을 지닌 세포사회라고 하는 것을 내용적으로 표현하고 있는 것이다.

도마뱀은 기다란 꼬리를 갖고 있다. 도마뱀은 꼬리의 끝이 다른 동물에게 물어뜯기거나, 밟히거나 바윗돌 틈새에 끼거나 하여, 동물 전체로서의 움직임을 취할 수 없게 되는 일이 종종 있을 것이다. 어느 경우든 그대로 있다가는 도마뱀의 생명이 위험에 직면하게 된다.

이처럼 위급한 경우, 도마뱀은 깨끗이 자기 스스로 꼬리를 거의 전부 그 밑뿌리서부터 잘라 던지고 도망침으로써 생명을 유지한다. 이렇게 꼬리를 희생하고 생명을 구한 도마뱀의 꼬리는 편리하게도 얼마쯤 시일이 지나면 어김없이 본래와 같은 훌륭한 것이 돋아난다. 바로 인간사회에서의 정치단체와도 같은, 조직의 유지와 생존을 위한 운영양식과도 같은 상황을 여기서 볼 수 있다.

이같이 신체의 일부가 상실되어도 다시 한번—때로는 두 번이고 세 번이고—돋아나는 현상을 재생(再生)이라고 한다. 사람이라면 어떤 기관—발이라든가 발가락—을 상실한 경우, 그것은 재생되지 않는다. 이것에서부터 "도마뱀의 꼬리 자르기"라는 현상은 도마뱀이라고 하는 파충류에서만 볼 수 있는 매우 드문 현상이라고 생각하기 쉽다.

그러나 사람에게도 상처가 낫는다고 하는 것은 중요한 재생현상이다. 그리고 포유류의 재생능력은 전체 생물계와 비교할 때 아주 낮은 편이지만, 이 재생이라고 하는 현상은 결코 진귀한 일이 아니라, 생물에게 갖추어진 기본적인 성질이다.

플라나리아와 영원

플라나리아라는 동물이 있다. 인간의 일상생활과는 거의 관계가 없다고 해도 여름에 계곡에 가서 얕은 물에 잠긴 돌을 뒤집었을 때 돌 뒤에 거머리 같은 모양을 하고 달라붙어 있는 3~5mm 정도의 길이를 가진 갈색의 동물을 본 적이 있을 것이다. 이것이 플라나리아이다(권두 사진 5). 플라나리아는 몸을 종횡으로 아무리 잘게 썰어도, 모든 조각에서 작기는 하지

〈사진 33〉 붉은배영원
환경오염으로 최근에는 그 모습을 보기 힘들어졌다

만, 눈도 있고 머리도 있는 훌륭한 플라나리아가 재생한다.

영원이라는 동물—배가 붉고, 시냇물 등에 살고 있는 작은 동물—은 당당한 척추동물의 한 무리다. 이 동물은 손발이나 꼬리를 잘라내도, 밑뿌리 부분이 조금만 남아 있으면 본래와 같은 기관이 완전하게 재생된다.

그 밖에도 모든 동물이 우리 인간의 눈으로 볼 때 신비롭거나 정말로 끈질긴 것이구나 하고 형용할 수밖에 없을 정도로 강한 재생능력을 갖고 있다. 그런데 재생력의 세기를 동물진화상의 하등과 고등을 연관시켜, 하등한 것일수록 재생력이 강하다고 단정해버리는 것은 그다지 정확하지 않다. 또 강한 재생력은 그 동물이 생활에 적응해서 생긴 것이라고 생각해 버릴 수도 없다. 그러므로 인간도 언젠가는 손발의 재생력을 획득할 수 있을 거라는 기대를 하지 말아야 할 것이다.

세포의 분화와 증식을 재생에서 배운다

영원의 발이나 꼬리를 절단한 뒤에 일어나는 재생상태를 자세히 살펴보기로 하자. 절단 후에 최초로 일어나는 변화는 단면이 엷은 세포층으로 덮이는 것이다. 이러한 변화는 병원체에 감염되어 상처가 확대되는 것을 막아 준다.

그런데 무(無)에서 유(有)가 생기는 것은 아니기 때문에, 재생이 일어나기 위해서는 다량의 세포가 필요하다. 재생을 위한 세포는 어디서부터 생

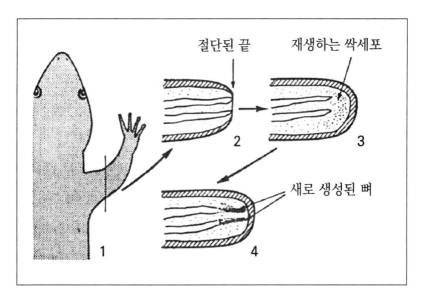

〈그림 34〉 절단한 영원 발의 재생

앞발을 절단하면(1), 단면이 금방 엷은 세포층으로 덮이는데(2), 이윽고 그 밑에 잘 분열하는 세포 덩어리가 싹처럼 생겨난다(3), 이 싹세포는 뼈와 근육으로 분화한다(4)

겨나오는 것일까? 몸의 어딘가에 잠복해 있던 재생의 씨앗세포가 분열해서 이 상처로 모여드는 것일까?

플라나리아를 절단한 경우에는 그와 같은 일이 일어나는 것 같지만, 영원에서는 다르다. 단면 바로 밑 부분에서 세포가 자꾸 분열해 나오고, 이것들이 재생을 위한 세포의 재료가 된다.

분열하고 있는 세포는 근육의 세포도 뼈의 세포도 아닌 무성격적인 모습을 하고 있다. 발을 절단하고 며칠이 지나면, 그 그루터기 위에서 무성격적이면서도 잘 분열하는 이들 세포가 엷은 피부의 세포층 밑에 집적하여 발을 재생하는 지뢰를 형성한다. 이윽고 이런 세포는 다시 근육이나 뼈로 분화하고, 한 달쯤이 지나면 전체적으로 발다운 모양을 갖추어 간다.

증식한 세포가 상실된 부분을 보충하고 분화하는 것까지는 인간이 상처를 입었을 경우에도 일어난다. 그런데 영원의 경우에는 세포로서 분화 이상의 더 큰일이 행해진다. 즉 세포는 잘 정비되어 본래와 같은 기관을 복제하는 것이다. 이것은 인간에게는 없는 "무엇"이 있는 것이다.

이 "무엇"이라고 하는 것은 도대체 어떤 기능에 의한 것일까? 어떤 사람은 호르몬에서 원인을 찾았다. 어떤 미지의 호르몬이 재생이라고 하는 과정을 가능하게 하는 데 있어 어떤 역할을 하고 있을지도 모른다는 가능성은 전혀 부정할 수 없다. 그러나 더욱 직접적으로 중요한 기능을 담당하고 있는 것은 신경의 작용인 것 같다. 만일 영원의 발을 절단할 때, 발의 그루터기에 있는 신경을 그 그루터기에서 제거하면 재생이 일어나지 않는다.

신경이 재생을 지배한다

그런데 더욱 대담한 실험을 싱어가 실행했다. 1950년대의 일이다. 몇 번이나 반복해서 말하고 있듯이, 영원이나 도롱뇽 종류는 어른이 되어서도 절단된 발이 재생한다. 그런데 동물학적으로 아주 닮은 같은 양서류로 불리는 개구리는 다 자라도 발이 절단되면 재생하지 않는다. 왜 개구리는 발의 재생능력이 없는 것일까? 영원에 비해서 무엇이 없는 것인지, 아니

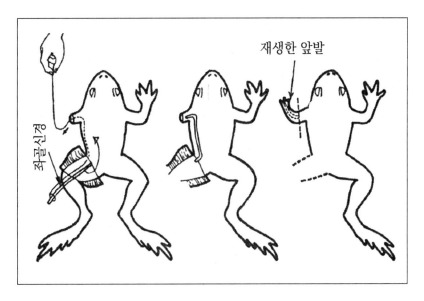

재생한 앞발

좌골신경

〈그림 35〉 싱어의 실험
뒷발의 좌골신경에 실을 걸어서 앞으로 잡아당겨 앞발에 넣은 뒤에 앞발을 절단한다. 보통의
개구리 발은 재생하지 않지만, 이렇게 신경량을 증가시킨 앞발은 재생한다

면 무엇이 지나치게 많아서 그런 것인지?

이 질문에 대답하는 방법은 개구리 발의 재생을, 어떤 방법으로라도 인간
이 신이 된 셈 치고(생각뿐이겠지만) 실험적으로 가능하게 만들어 보는 일이다.

얼핏 보기에 불가능을 가능하게 하는 것과 같은 시도가 사실 성공했던
것이다. 그것은 신경이 어떤 중요한 역할을 하고 있을 것이라는 생각을
바탕으로 기획된 실험이었다. 개구리 발에 보통보다 더 많은 신경을 넣은
뒤에 절단해 보았던 것이다. 어떻게 해서 많은 신경을 넣었느냐고 하면,
그 방법이 다소 잔혹하기는 하지만 〈그림 35〉를 참고하기 바란다.

즉, 뒷발에 들어가 있는 신경을 잡아 꺼내어 앞발에다 넣어줌으로써 앞발로 들어가는 신경의 양을 2배 가까이 많아지게 한 다음 그 발을 절단한 것이다. 그러자 예상했던 대로 아주 훌륭한 발이 재생했던 것이다!

그래서 좀 더 고등한 동물에서도 역시 같은 방법으로 재생이 가능하지 않을까 하는 것이 조사되었다. 도마뱀도 발은 재생하지 않는다(꼬리는 약간 다른 방법이기는 하지만 재생하는 이른바 도마뱀의 꼬리이다). 그래서 개구리에게 한 것과 같은 실험을 도마뱀에게도 하려는 것이다.

그런데 어쩌랴! 도마뱀의 발은 짧은 데다 더구나 앞발과 뒷발 사이가 꽤 떨어져 있기 때문에, 개구리 때와 마찬가지로 뒷발의 신경을 앞발로 당겨올 수가 없다. 그래서 오른발의 신경을 뽑아내 왼쪽 발로 옮기고, 왼발을 절단해보기로 했다. 물론 오른발은 실험에 희생이 되었기 때문에 쓰지 못하게 된다. 그러자 역시 개구리 때와 마찬가지로, 이런 식으로 신경을 증가시킨 발에서 꽤 훌륭한 발이 재생된 것이다.

이 실험의 우수성은 금방 이해가 갔으리라 생각한다. 더욱 고등한 동물에서는 또 어떨까? 닭에서는? 쥐에서는? 사람에서는 하고 물어볼 필요는 없다. 한계가 있는 것은 당연하다. 그러나 이 실험으로부터 재생이라고 하는 중요한 현상에 대한 신경의 역할이 밝혀졌다. 재생에는 아마도 발 절단면의 반지름에 비례한 일정량 이상의 신경을 필요로 하는 관계가 성립되어 있을지도 모른다.

신경에다 부리는 응석

그런데 이야기는 이것으로 끝나지 않는다. 재생에서 신경의 역할에 관한 문제는 더욱 복잡하다. 더구나 그것을 이해한다는 것은, "생물이란 이런 것이다"라고 정의하는 중요한 의미를 포함하고 있는 것으로 여겨진다. 그러므로 이야기를 좀 더 해보겠다.

신경은 발의 재생에 불가결한 역할을 하고 있다. 그런데 아주 어린 동물에서 발이 만들어지는 경우는 어떨까? 극히 젊은 배에서 발이 발생되기 이전에 발로 들어가야 할 신경을 모조리 제거해 두더라도 발은 발생한다. 신경이 없는 이러한 발은 신경이 없기 때문에 운동기능은 결여되어 있지만, 형태상으로는 완전하다.

그렇다면 이 신경이 없는 발을 절단해 보자. 재생이 일어나는지 어떤지, 여러분은 어느 쪽에다 내기를 걸기 원할까? 여러분은 아마도 다음과 같이 대답할 것이다. "재생에는 신경이 필수적인 역할을 하고 있다는 것을 방금 배웠다. 당연히 이같이 신경이 없는 발이라면, 절단한들 재생이 일어날 리가 없을 것이다"라고. 좋다. 대답은 우등생 같다. 그런데 말이다. 생물은 그 우등생조차도 상상하지 못한 일을 하는 것이다. 실험 결과는 이 신경이 없는 발이 훌륭하게 재생한 것이다.

보통의 발—당연히 신경이 그 속으로 들어가서 함께 성장한—이라면 재생에 신경의 존재가 불가결하다. 이 정도의 지식만으로 충분했을지 모른다. 그런데 생물학자라고 하는 호사가들이, 이것을 좀 더 깊이 있는 지식으로까지 파헤쳐 놓았다. 신경 없이 자라온 발—정상이라면 있을 수 없고, 실험에서만 있을 수 있는—에서는 신경이 없어도 재생이 일어나는 것이다.

즉, 개체 발생의 역사 속에서 신경과 함께 생활해왔다는 역사를 가짐으로써, 재생이라고 하는 커다란 기능을 수행함에 있어서 동물체는 신경에 응석을 부리게 되었던 것이다. 이것은 한 인간의 일생에서도 일어날 법한 일이다.

필자는 이 일련의 실험에 관한 설명이, 생물학에서 "발생"이라고 말하는 현상에서 일어나는 구체적인 내용을 생각하기 위해서, 또는 필자가 말하는 생물의 유연성이라고 하는 것의 내용을 제시하는 것으로서 가장 걸맞은 예의 하나라고 생각한다.

재생에서 신경의 역할에 대한 연구가 행해진 것은 1950년대와 1960년대의 일이다. 생물의 생물다움을 참으로 정확하게 가르쳐주는 이 훌륭한 연구는 그 후 거의 아무 진보도 없이 현재에 이르고 있다. 아니, 사태의 중요성을 아는 사람조차도 이미 많이 줄어들었다.

이런 상황을 볼 때, 생물학의 폭발적인 진보라고 하는 것도 의외로 국부적인 것에 한하지 않는가 하는 새삼스러운 느낌이 든다.

세포분화의 레퍼토리

다음에는 재생과정에서의 세포의 변화를 살펴보자. 이미 언급했듯이 재생한 발은, 절단하고 난 후 얼마 되지 않아서 만들어진 지뢰 속에 있는 성격이 분명하지 않은 세포로부터 형성된다. 이 무성격적인 세포의 정체를 "분명하지 않다"라는 식으로 넘겨버리지 말고, 좀 더 자세히 조사해 보기로 하자.

애당초 이 지뢰세포는 몸속에 잠복해 있는 "재생용 준비세포"라고 할 만한 세포가 집합한 것이 아니다. 단면 바로 밑에 있었던 근육, 뼈 등의 세포가 본래의 분명한 성격을 상실하고, 분열하는 능력을 갑자기 갖기 시작하여 이 지뢰 속으로 모여든 것이다.

그렇다면 여기서는 세포의 회춘(回春)이라고도 할 수 있는 사태가 일어나, 여태까지 조용히 있던 근육이나 뼈세포가 마치 젊은 배의 세포처럼 바뀌어 버린 것일까? 확실히 그렇게 말할 수 있는 일면이 있다. 이를테면 그때까지 분열을 정지하고 있던 세포가 새삼스럽게 그 능력을 나타내기 시작한 것이다.

그렇다면 지뢰세포의 분화능력이란 어떻게 된 것일까? 근육에서 출발한 지뢰세포가 회춘한 결과 젊은 배의 세포와 마찬가지로, 이제부터 근육은 물론 뼈로, 신경으로, 간장으로도 분화할 수 있을 만한 광범한 잠재능력을 갖추고 있는 것일까?

이러한 장래의 분화에 대한 폭넓은 잠재능력을 표현하는 데 "레퍼토리"라는 말을 적용해 보기로 하자. 어떤 피아니스트가 내주에 있을 연주회에서 주로 쇼팽을 연주한다지만, 실은 베토벤이나 쇤베르크도 연주할 수 있는 준비가 언제든지 되어 있는 것과 비교할 수 있다.

재생한 지뢰세포의 레퍼토리는 어느 정도로 광범할까? 이 문제는 재생이라고 하는 현상이 발견된 애당초부터 되풀이하여 논의되어 왔다. 그러나 이것에 결말을 짓기 위한 실험이란 그리 간단하지가 않다.

이를테면 다음과 같은 실험을 시도한 사람이 있었다. 절단하기 전에 미리 단면이 될 부분으로부터 뼈만 제거한 다음에 발을 절단한다. 즉 만약 재생한 발에 뼈가 들어가 있으면, 뼈 외에서 출발한 세포도 회춘하여 뼈로 된 것이다. 즉 지뢰세포는 그만큼 광범한 레퍼토리를 가지고 있는 것이라고 결론지을 수가 있다는 것이다.

실제로 실험결과 확실히 뼈가 만들어졌다. 그러나 반대 입장의 사람으로부터 금방 반론이 나왔다. 설령 단면 근처의 뼈는 제거했다고 하더라도 다른 부분의 뼈가 아직도 얼마든지 몸속에 남아 있다. 그러한 뼈의 세포가 재생된 지뢰 속으로 들어가서 뼈를 만들 수도 있다는 것이다.

이 반론에 대답하기 위해서는 몸속의 뼈를 모조리 제거한 뒤에 절단할 필요가 있다. 그러나 그런 일은 불가능하기 때문에, 이것은 참으로 잔혹한 반론이라 하지 않을 수 없다.

다시 세포에 표지를 하다

그래서 여기에 등장한 것과 같은 문제를 풀기 위해서는 아무래도 특별한 연구와 실험이 필요하다. 그것은 단면 밑에 있는 근육이라면 근육, 뼈라면 뼈의 세포에만 특별한 표지를 하여, 그 세포가 재생 후 어떤 운명을 더듬어서 어떻게 분화하는가를 조사해 보는 것이다.

세포에 표지를 하는 것이 생물학 실험에서 얼마나 결정적인 중요성을 지니고 있는가에 대해서는 이미 앞에서 언급했다. 그 경우에는 메추라기의 세포를 닭에 이식하는 방법으로 목적이 달성되었지만, 영원의 경우에는 어떻게 하면 될까?

미국산 도롱뇽—아홀로틀이라는 이름으로 불리는 것으로서, 이 동물의 색소가 없는 알비노 변이체(變異體)는 우파루파라는 이름으로 알려진 애완동물로 한때 유명했다—에서는, 수정 직후에 단시간 동안 낮은 온도에 두는 것만으로써 3배체의 것(보통이면 두 벌 있는 염색체가 세 벌 있는 것)으로 키울 수가 있다.

이 3배체의 아홀로틀에서는, 보통이라면 2개가 있을 핵소체(核小體)라고 하는 세포핵 속의 구조물(인(仁)이라고 불리고 있었다)이 3개가 있기 때문에, 따로 염색체를 관찰하지 않아도 2배체의 세포와는 구별이 된다.

그래서 실험은 우선 2배체인 아홀로틀(유생을 사용한다)의 이제부터 절단하려고 하는 단면 밑의 근육이나 뼈를 3배체의 것으로 대체한다. 절단해서 재생하게 되면, 발 세포를 자세히 조사하여 3배체의 세포가 있는지 어떤지, 있다면 어떻게 분화했는가를 관찰한다.

그 결과를 통해 알아낸 것은 이렇다. 근육세포만을 3배체로 해 두면, 재생한 발 속에서 이 표지가 된 세포는 근육 외에 결합조직이라고 부르는 것과 뼈의 일부를 만들고 있다.

한편, 뼈세포를 3배로 했을 때는, 뼈나 결합조직으로는 분화했지만 근육은 만들지 않았다. 또 피부의 표피(表皮)라고 하는 조직세포는 전부 본래의 피부로 만들어진다.

이 결과를 결론적으로 말하자면, 재생한 지뢰세포가 갖는 분화의 레퍼토리는 그렇게 광범하지 않다. 이 지뢰 속의 세포는 과연 잘 분화도 하고 무성격적인 모습을 나타내고 있다. 그렇다고 해서 발생의 "회춘"을 일으켜 젊은 배의 세포와 같은 성질을 가지게 되었다고 생각하는 것은 무리일 것 같다.

비유하자면, 바하를 주로 연주하는 피아니스트가 요구에 따라서 모차르트나 베토벤은 연주하지만 드뷔시와 같은 20세기 작곡가의 음악을 연주하는 것은 무리이고, 드뷔시를 장기로 하는 피아니스트는 쇤베르크의 작품은 연주곡목으로 넣지만, 모차르트까지는 레퍼토리를 넓히지 못한다는 것을 말한다.

아무튼, 이러한 실험 결과 세포는 다시 한번 분열을 시작하고, 더구나 본래와는 상당히 다른 별개의 세포로 분화를 개시할 수 있다는 것을 가리키고 있다.

이에 대해서는 뒤에 가서 더 알기 쉬운 예를 들어 소개하면서, 그것의 생물학적 중요성을 해설할 생각이다. 여기서는 다만 한 번 분화를 끝낸 세포라도 다시 한번(또는 두 번) 다른 세포로 전신(전환)할 수 있는 능력을 잠재하고 있다는 점을 지적해두기로 한다.

2. 모습을 갖추어 가는 법칙

재생을 조작한다

재생이라고 하는 것은, 말하자면 모습과 형태의 복제를 말한다. 세포라든가 조직의 이야기가 아니라, 형태가 본래와 똑같이 복원되는 것이 이 현상이다. 도대체 어떤 메커니즘이 있기에 전체적인 모습에서부터 크기까지 복제가 일어나는 것일까? 한마디로 말해서 그 메커니즘은 아직도 수수께끼다. 그러나 복제가 어떤 규칙을 따라서 일어나는가는 알려져 있다.

여태까지 줄곧 영원의 발 재생을 예로 들어서 얘기를 진행해 왔기 때문에, 여기서도 같은 소재를 다루기로 한다. 〈그림 36〉에 간단한 실험을 한 가지 소개했다. 그림을 보자. 영원의 발을 뿌리에 가까운 A 높이에서 절단하고, 거기에다 제일 앞부분을 이식해 본다.

이렇게 하면 어떤 일이 일어날까? 여러분은 이미 직관적으로 답을 알고 있을 것이라고 생각한다. 그렇다. 실험적으로 만든 이 짧은 발은 이윽고 성장해서 본래의 것과 같은 크기, 같은 형태의 발을 복제한다. 즉 재생이 일어나되, 단순히 뿌리에서 절단한 경우와는 달리, 이 실험에서는 상실된 중간 부분만 재생하게 된다.

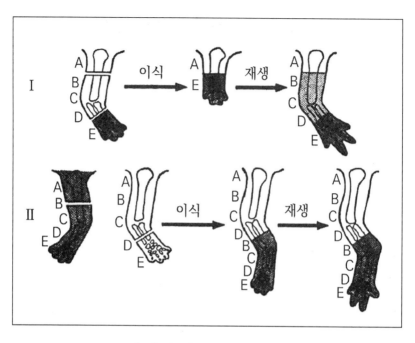

〈그림 36〉 영원의 발을 이식한 실험
(P.J. 브라이언 『사이언스』 1977년 9월호에서)

다음에는 아랫단의 실험을 살펴보자. 여기서는 2개의 발을 사용하여 꽤 앞쪽에 가까운 D라는 높이의 단면 위에다가 뿌리 부분(B의 높이)에서부터 잘라낸 부분을 이식하여 긴 발을 만들었다. 그렇게 하면 어떻게 될까? 이미 충분히 길어졌을 것이므로 그대로 정지해 있을 것이라고 생각할 것이다. 대체로 그러하다.

재생이 형태의 정확한 복제라고 한다면, 이 긴 발은 짧아져야 한다. 과연 생물의 유연성에도 한도가 있어, 이 긴 발은 본래의 정확한 크기로까지 수축되지 않는다. 오히려 그림에 꽤 정확하게 그려져 있듯이, 이상하게도 이 긴 발은 수축하기는커녕 반대로 조금 더 길어지기도 한다.

위치정보설

이 같은 실험 결과는 어떻게 설명해야 할까? 마치 퀴즈 풀이 비슷하게 간단히 설명하는 방법을 발견했다.

먼저, 영원의 발에 뿌리에서부터 A·B·E까지 위치의 값이 있다고 가정하고, 윗단의 짧은 발에서는 A 바로 밑에 E를 붙인다. 그런데 세포는 근처의 세포와 상대적인 관계로부터 자기의 위치값을 인식할 수 있다는 제2의 가정을 설정한다.

그러면 A 위치의 세포는, 본래 자기 가까이 존재하지 않던(본래라면 B) E의 위치가 왔다고 인식할 것이다. 그래서 제3의 가정으로, 생물의 형태는 위치의 값이 연속적으로, 즉 A→B→C→D→E로 늘어서 있는 경우에 한해서 안정하게 유지된다고 하자.

그렇다면 이 짧은 발은 필연적으로 위치값의 연속성을 회복하기 위해 일련의 반응을 일으킨다. 그것은 A와 E 사이에 B, C, D라고 하는 위치를 삽입하는 것이며, 그 결과 정확한 본래의 형태로 복제된다.

아랫단의 긴 발을 만들었을 경우를 살펴보자. 여기서는 D 밑에 B를 두었다. 위치의 값이 A와 E 사이만큼 떨어져 있지 않다. 그러나 약간은 보다 길어지는 미묘한 반응이 일어나는데, 이는 D와 B 사이에 다소는 C를 삽입하려 하고 있기 때문이라고 생각할 수 있다.

이 같은 설명 방식은 "위치정보설(位置情報說)"이라고 하는 그럴싸한 이름으로 불리며, 1960년대에 영국의 월버트가 제창했다(소개한 밟에 대한 연구는 다른 연구자가 한 것). 그리고 이 설은 생물의 발생이나 형태 형성 분야에서 급속히 보급되어 나갔다.

여기서 예로 든 것은 제일 간단한 것으로서, 여러 가지 경우에 대한 연구가 거듭됨에 따라서 어느 정도의 수정이 필요하거나 더 새로운 가정을 설정할 필요가 있거나 하게 되는데, 이 학설의 원형은 역시 평가를 받고 있다.

다세포생물에서는 세포가 상호작용하여 그 위치를 인식할 수 있는 것이 틀림없다는 생각은, 바로 다세포생물이 고도로 발달한 "세포사회"를 이루고 있다는 강력한 인상을 우리에게 주고 있기 때문이다.

성역으로의 접근

다세포생물의 몸 세포에 위치의 값이라고 하는 것이 있고, 더구나 그것을 인식하는 기능이 갖추어져 있다고 하는 개념은, 사고방식으로서는 꽤 매력적인 것이다. 이 개념을 도입한다면 과연 생물학 중에서도 해명되지 않은 수수께끼인 형태 형성, 형태의 수복이라는 문제에 일단 해석을 부여할 수 있을 것 같다.

이런 입장에서 연구한다면, 생물의 형태 형성에는 규칙이라고 할 만한 것이 있음을 잘 엿볼 수 있을 것이다.

하지만 이 정도로는 단순한 설명이나 해석에 지나지 않는다. 과거의 생물학 역사에서 이같이 훌륭한 착상을 가진 해석이 몇몇 현상에서 제창되어 왔지만, 그것이 그런 채로 끝나버린 예가 적지 않다. 우리는 그 해석과 개념의 구체적인 내용까지 추구하고 싶다고 생각하며, 또 그렇지 못하면 언제까지나 일종의 초조함을 느끼지 않을 수 없을 것이다.

도대체 위치의 정보란 어떤 것일까? 물질의 차이 또는 어떤 특정 물질의 농도 차이를 말하는 것일까? 확실히 그런 것을 알기 위한 연구가, 특히 히드라라고 하는 비교적 단순한 체제를 가진 동물을 활발하게 연구하고 있지만, 아직은 충분히 알았다고 할 수 없다.

재생이라는 현상을 통해서 필자가 여기서 말하고 있는 것은, 말하자면 생물의 단백질합성이라든가 세포의 분화라고 하는 것보다는, 차원이 높은 "모습"(거시적인 형태라고도 할 수 있을 것이다) 자체의 성립에 대한 것이다. 생물의 모습은 아마도 고등동물의 뇌의 기능과 더불어, 분자의 활용에 기초를 두는 근대생물학에서 가장 해결하기 곤란한 "성역(聖域)"이라고나 할 문제라고 간주할 수 있다.

그러나 1980년대 후반부터는 이 "모습"에 대한 연구가 폭발적으로 진전될 전망이다. 이것은 3장의 주제인 "생물의 유연성"과 직접적인 관계는 없지만, 아무래도 여기서 길을 좀 돌아가더라도, 일단 이 자리에서 언급해 둘 필요가 있을 것 같다.

호메오 박스의 발견

　이야기는 역시 재생과 관계되는 것에서부터 시작하겠다. 재생이란 형태의 복제라고 정의했다. 그러나 넓은 자연계 속에서는 복제가 아닌 재생도 일어난다. 이를테면 게 종류의 눈을[정확하게는 안배(眼胚)라고 부르는 곳] 절단하면, 그 뒤에 재생되는 것은 눈이 아니라 놀랍게도 촉각(더듬이)이다(그림 37). 한편 촉각을 절단하면 발(다리)이 재생되기도 한다.

　이것의 사정은 이렇다. 몸 전후의 위치(앞서 말한 위치정보의 설명)에 따라서 앞 끝에서부터 A, B, C, D, ……로 했다고 할 때, A의 높이(눈)를 절단한 자리에는 B가, B를 절단한 자리에는 C가 ……하는, 비정상적인 위치가 어긋난 재생이 일어나고 있는 것이다. 눈(위치 A)은 촉각(B)보다 앞쪽에 있다. 따라서 〈그림 37〉로 말하면, 눈의 자리에 촉각이 재생하여 B→B→C→라고 하는, B의 위치가 중첩되는 게가 만들어지는 것이다.

　이 같은 비정상적인 배열은 재생 때뿐만 아니라, 초파리의 몇몇 돌연변이체에서도 볼 수 있다. 이를테면 촉각이 다리로 되어버린 것이 있다. 이것은 초파리의 모습 자체가 눈에 띄도록 변화한 돌연변이다.

　이 같은 돌연변이체 중에서 가슴이 중첩되어 있는 것은 더 상세하게 연구했다. 초파리는 파리목이라고 일컫는 그룹에 속하는 곤충으로서, 날개가 2장밖에 없다. 뒷날개는 퇴화하여 아주 작아졌다. 앞날개는 전후의 위치로 말하면, 가운데가슴이라고 하는 위치에 붙어 있다. 따라서 가운데가슴이 둘 있는 변이체에서는, 놀랍게도 날개가 4장이 있다(이런 파리라면

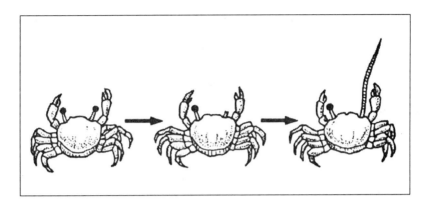

〈그림 37〉 비정상적인 재생
눈을 절단하면 촉각이 재생한다(에구치 『개체 부분의 재발생』, 『신의 과학 대계 4권 B』 나카야
마서점에서)

쌍날개 곤충이라고 하는 정의에서 벗어난다!).

이러한 돌연변이체가 발견된 것은, 지금부터 반세기 전의 일이다. 그리고 극소수의 연구자가 이러한 돌연변이체에 대한 연구의 중요성을 자각하고, 활발하지는 않지만 연구를 계속하면서 그 계통을 유지해 왔다.

그러다 1980년대가 되자 폭발적인 관심을 모으게 되었다. 이러한 돌연변이체를 사용한 연구를 통해 동물의 모습을 결정하고 있는 유전자 DNA의 존재를 발견할 수 있지 않을까 하는 기대 때문이다.

앞서 동물의 몸을 앞쪽에서부터 차례로 A, B, C, ……라는 식으로 그 위치를 구획했었다. 단순한 가정으로 끝나는 문제가 아니라, 많은 동물에 이 같은 전후의 구획이 현실로 있다. 머리가 있고, 몸통이 있고, 그리고 몸통에도 구획이 있다는 것은, 우리가 규칙적으로 앞뒤(서 있는 인간의 감각에서 말한다면 상하, 보통 동물에서는 머리 쪽을 앞, 꼬리 쪽을 뒤라고 부른다)로 늘어선 늑골을 갖고 있는 것만 봐도 자명하다. 동물 몸의 기본을 이루는 이 같은 구획을 "체절(體節)"이라고 부른다. 그러므로 날개를 4장 가진 파리는 근본을 말하면 체절구조에 이상이 생긴 것이다.

1984년에 스위스 바젤 대학의 게링 박사 그룹(다른 그룹도 있다)은, 긴 세월에 걸쳐 초파리의 체절에 이상이 있는 돌연변이체에 대한 유전자 연구를 통해 DNA의 특정 부분이 동물의 체절, 분절화(分節化)라고 하는 거

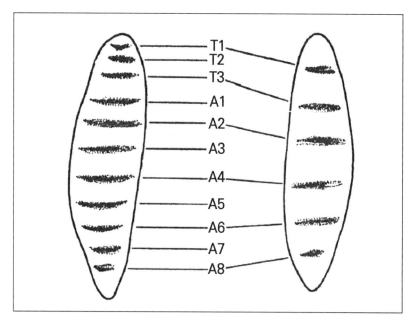

〈그림 38〉 초파리의 체절에 이상이 있는 돌연변이
왼쪽은 정상인 유충, 오른쪽은 체절 부족(fushitarazu, ftz 호모접합체)이라고 하는 돌연변이체의 유충으로, 체절의 수가 약 절반으로 되어 있다)

〈사진 39〉 게링 박사

시적인 형성을 지령하고 있다는 사실을 확인했다. 그리고 이 초파리에서 발견된 것과 같은 DNA 부분 ― 이것에는 호메오 박스라는 이름이 붙어 있다 ― 이 다른 많은 동물에도 공통으로 존재한다는 것을 알아냈다.

포유류나 조류조차도 초파리에서 발견된 것과 거의 같은 DNA가 존재한다는 사실도 알고 있다. 아마도 초파리에서 알아낸 것과 같은 기능을 하고 있는 것이라고 생각된다.

호메오 박스에 대한 연구는 앞으로 더욱 발전할 것이 틀림없다. 분명 그 발견은 장래의 생물학 역사에서 기록되어야 할 것이다. 첫째로 이 발견으로, 근대생물학에서 생물의 모습과 형태에 대한 문제가 이미 성역에 속하지 않는다는 것을 알았다는 점이다. 어쨌든 거시적 형태를 결정짓는 DNA 부분이 발견되었으니까 말이다.

또 이 연구로 생물 진화의 문제에 대한 새로운 전개를 예감하지 않을 수 없다. 애당초 진화라고 하는 개념은 생물의 거시적 형태를 비교하는 데서부터 생겨난 것이다. 최근의 물질에 기초를 두는 생물학의 경향도 물론 진화의 이해에 크게 공헌했다. 그러나 그것들은 본래의 관심사였던 생물의 거시적 특징이 아니라, 생물을 만들고 있는 분자 자체에 대한 진화의 연구였다.

모습을 결정하는 유전자 DNA의 발견, 생물계에서의 분포, 각 생물에 따라 그 DNA의 기능은 어떠한가 하는 등의 연구는, 틀림없이 진화론의 근원적 테마인 분자 수준에서의 이해를 가능하게 만들어 줄 것이라고 기대해 보자.

여기서 다시 이야기를 재생으로 되돌려서, 세포사회가 갖는 유연성과 자기 수복능력(自己修復能力)에 대한 얘기를 계속하기로 하자.

3. 세포는 변신한다

렌즈를 제거한 눈

재생의 예를 하나하나 다 소개하자면 끝이 없다. 그 하나하나는 참 재미있다. 재미는 있지만 그 재미 때문에 근대생물학 연구의 추진 방향과 친숙해지기 힘든 면이 있다. 또 옛 시대에 발견된 현상은 "진지한 예"로서 역사에 이름만 남겨 놓을 뿐, 근대의 조직적인 연구에서는 그 대상이 되지 않는 경우가 많다.

뒤집어 말하면, 최근의 생물학은 세포사회가 지니는 유연성과 수복능력이라고 하는 중대한 특징에 대해 그 평가를 가볍게 하고 있다는 말이 된다. 그러나 수많은 재생 사례 중에는, 발견 이래 1세기나 되는 긴 세월에 걸쳐서 정말로 끈질기게 연구가 계속되고 있는 것도 있으며, 그 가운데는 우리가 세포사회를 이해하는 데 있어 많은 교훈을 준 것도 있다.

다소 다른 입장에 있기는 하지만, 필자가 그 방면의 최근 진보와 깊숙이 관계되어 왔다는 이유도 있고 해서, 이제부터 잠시 그 사례를 얘기하겠다.

생물은 다양하고, 현상은 생물의 종에 따라 매우 다채롭다. 그러나 생물의 이해는 그중의 한 가지 예를 깊숙이 통찰함으로써 얻는 것이다.

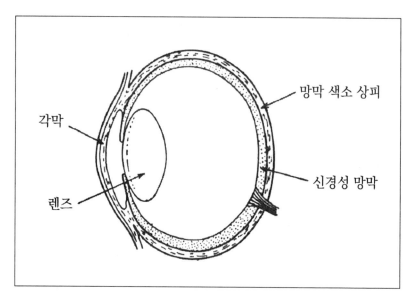

〈그림 40〉 척추동물의 눈 모식도

    필자가 다루고 싶은 예는 눈 부분의 재생에 대한 것이다. 현재의 안과학(眼科學)에서는 수술방식이 진보했고, 모든 눈의 질병에 대한 수술 치료가 널리 행해지고 있다. 렌즈의 기능을 대행하기 위한 인공렌즈의 사용 등도 시도되고 있다. 그러나 우리 눈에서 렌즈를 제거해버리면 그 뒤 재생되는 일은 없다.

    그러나 영원과 같은 동물은 렌즈만 제거했을 때 어김없이 재생한다. 이 경우 앞에서 말한 발의 재생과 다른 흥미로운 점이 있다. 발의 경우, 재생된 발에 포함된 세포형(細胞型)을 보면, 신경이건 근육이건 무엇이건 그것은 모두 남은 그루터기에 있었던 것이다. 그루터기에 전혀 없었던 세포형이 재생된 발에 나타나는 일은 없다.

렌즈의 재생일 경우에는 어떨까? 지금 영원의 양쪽 눈에서 렌즈를 제거했다면, 이미 영원의 몸속 어디를 찾아봐도 렌즈의 세포형은 없다. 그러므로 렌즈가 재생한다는 것은 몸속에 남아 있을 리가 없는 세포로부터 "신생(新生)"된 것이라고 할 수 있다.

눈이 상하기 쉬운 동물에게는 렌즈의 재생능력이 있다

기왕에 말이 나왔으니까, 이런 두드러진 재생능력은 어떤 종류의 동물이 갖추고 있는가를 살펴보기로 하자. 동물학적으로는 영원과 같은 양서류 무리에 속해 있더라도, 무미(無尾: 꼬리가 없는)양서류인 개구리 눈의 세포에는 이 같은 성질이 없다. 영원이 속하는 유미(有尾: 꼬리가 있는)양서류라고 하는 그룹 중에서도, 도롱뇽의 눈에 이런 성질이 있는 것은 유생(幼生) 시기에 한정되어 있다.

닭에서는 아직 껍질 속에 들어 있는 배의, 그것도 품은지 4, 5일밖에 안되는 젊은 배에 한해서만 확실히 이런 성질이 있어서, 렌즈를 제거해도 재생하는 일이 있는 것 같다. 어류에는 이런 성질을 가진 종류가 꽤 있는 듯한데, 확실히 알고 있는 것은 미꾸라지이다.

도대체 눈의 조직이 가진 이 같은 성질은 그러한 능력을 가진 생물의 생활과 어떤 형태로 연관되어 있는 것일까? 하기야 사람도 그렇다고 한다

〈그림 41〉 사고가 많은 동물의 특수 능력

면 편리하고 고마운 일임에는 틀림없을 것이다. 어떤 관찰에 따르면 자연으로부터 채집해 온 수많은 미꾸라지의 눈을 조사해 보니, 분명히 재생 중에 있는 것으로 생각되는 극히 작은 렌즈를 가진 것이 꽤 있었다고 한다. 물속이 아닌 물 바닥의 진흙 속에 들어가 있는 미꾸라지 같은 물고기에서는, 돌멩이 같은 것과 격돌하여 눈을 다치는 경우가 많기 때문일지도 모른다.

도미나 붕어 등 수중유영에 능한 물고기의 눈에는 재생능력이 없다. 그렇게 말하고 보면, 눈 조직의 재생력이 강한 영원이라는 놈도 물속을 휙휙 헤엄치고 있는 것보다 수저에 들어가 있는 일이 많다. 또 영원에서는 이밖에도 재미있는 일이 알려져 있다. 일본의 영원에서 조사된 바에 의하면, 영원의 눈 속에 이따금 기생충이 살고 있다. 이 기생충은 괴상한 식도락가로서 렌즈를 모조리 먹어 치운다. 다 먹고 나면 기생충은 어디론가 사라져버리고, 렌즈는 어김없이 재생한다.

무에서 유는 생기지 않는다

발이 재생될 때, 그루터기에 있었던 세포의 자손이 본래의 것과는 다른 형의 세포로, 말하자면 분화의 전환이 일어나느냐, 아니냐고 하는 문제는 앞에서 꽤 끈덕지게 설명해왔다. 이것은 세포사회의 유연성이라고 하는 성질의 세포적인 기초가 되는 것이기 때문이다.

그러나 렌즈의 경우에는 어떨까? 렌즈의 재생을 특별히 생각하는 것은 몸속에 남아 있지 않던 세포가 "신생"하기 때문이다. 그러나 무에서 유는 생기지 않는다. 새로운 렌즈의 세포는 어딘지 모르게 씨앗이 잠복해 있었거나 전혀 다른 형의 세포가 전환(전신)해서 만들어지는 방법 이외에는 없을 것 같다.

그런데 렌즈의 재생도 참으로 정확한 형태의 복제다. 렌즈는 형태가 아주 간단한 것이지만, 간단하면 간단할수록 형태 복제의 정확성이나 정밀성에 놀라게 된다.

재생된 렌즈는 크기나 형태가 모두 본래의 것과 조금도 차이가 없다. 즉 재생된 렌즈를 가진 영원은 본래보다 근시나 원시로 되어 있지 않다.

이토록 정교한 재생이 어떤 과정으로 일어나는가를 관찰해보자.

영원의 눈으로부터 렌즈를 제거하면, 최초에 일어나는 변화가 홍채(虹彩) 윗변에 있는 색소세포로부터 색소가 빠져나가고 무색이 되는 것이다. 이같이 어떤 세포가 그 특징을 상실하는 것을 분화의 반대 과정이라는 의미에서 "탈분화(脫分化)"라고 부르는 경우가 있다. 여태까지의 표현방법으로 말한다면 세포가 무성격적인 외관이 되는 것이다. 이 변화가 어떻게 일어나고 있는가를 전자현미경으로 관찰하면 정말로 흥미로운 점이 있다.

렌즈를 제거하면 홍채 윗변에―어떤 이유인지는 모르지만―보통 혈류 속에 있는 대형 세포가 모여든다. 이 세포는 혈류 속에 있을 때는 "식세포(食細胞)"라고 불리며, 체내로 침입해 오는 세포나 그 밖의 이물(異物)을 잡아먹는 기능을 가지고 있다.

이 식세포가 지금 홍채 주위로 모여와서 역시 무엇인가를 잡아먹으려

하고 있는 것 같다. 그런데 무엇을 먹느냐고 하면, 놀랍게도 홍채 속에 있는 흑색색소를 먹는다. 그렇기 때문에 얼마쯤 지나면 식세포가 검게 되고, 본래부터 검었던 홍채세포 쪽은 차츰 무색이 되어 탈분화를 하게 된다.

이로써 다세포생물의 세포사회에서는, 개체의 존립이 위협받는 큰일을 당했을 때 그에 대처하여 이 사회 속의 다른 멤버들이 유기적으로 서로 협력하고 있다는 것을 엿볼 수 있다.

세포의 "변환능력"

그런데 색소를 상실한 세포는 이제 몸이 홀가분해졌다고나 할까, 왕성하게 분열을 시작하여 자꾸 수가 증가해 간다. 분열은 무한정 계속되지 않는다. 이윽고 어디서부터 지령이 내려오는지 "분화"가 일어나고 성격도 나타난다. 이것은 보통 세포와 같은 절차이다.

그런데 이들 세포는 색소를 만들어 본래의 홍채세포와 같은 모습이 될 것이라고 생각했는데, 그게 아니었다. 놀랍게도 렌즈가 되는 것이다. 이 홍채의 색소세포 "씨앗"으로부터 만들어진 렌즈는, 어느 점에서 봐도 본래의 렌즈와 조금도 차이가 없다. 세포의 배열, 크기 모두가 본래의 것과 같다.

렌즈의 세포는 물론 투명한 것이 그 특징적인 성격이며, 그렇기 때문에 물체가 보인다. 물질의 조성(組成)면에서 보더라도 렌즈의 주성분은 크리스탈린이라는 이름의 매우 특징적인 단백질인데, 재생해서 만들어진 렌즈도 본래와 똑같은 크리스탈린을 갖고 있다. 그러므로 영원은 재생 렌즈를 사용하여 아무 불편 없이 물체를 볼 수 있다.

영원의 눈에서 렌즈를 제거하면, 이미 체내에는 렌즈 세포가 하나도 남아 있지 않다. 그것이 어떻게 재생되느냐고 하면, 렌즈와는 생판 다른 분화를 하고 있는 홍채의 색소세포가 분화를 전환함으로써 가능해지는 것이다.

그렇다면 수정체와 홍채를 함께 제거해버리면 어떻게 될까? 그래도 재생이 일어난다. 이때는 남아 있는 망막세포가 변화해서 홍채가 되고, 그 일부가 다시 변화해서 렌즈가 되어, 약간 시일이 걸리기는 하지만 결국은 완전한 눈이 형성된다.

렌즈와 홍채와 망막을 다 제거해버리면 어떻게 될까? 아무리 불사신이라고 할 영원도 이번에는 곤란할 것 같다. 천만에! 그래도 아직 끄떡없다. 망막 바깥쪽에 남아 있는 색소상피(色素上皮)의 세포로부터 망막이, 그리고 홍채가, 그리고 렌즈가 만들어져서 눈의 재생이 완성된다. 눈의 모든 조직을 남김없이 제거한다면? 그렇게 되면 불가능하다.

즉 눈이라고 하는 하나의 기관을 만들고 있는 세포의 형은, 형태상으로나 물질적인 성격상으로나 많은 종류의 성격을 지닌 것으로 성립되어 있다. 그럼에도 그들 사이에서는 세포형의 성격 변환이 아주 간단하게, 또 확실하게 이루어진다. 그리고 이것이 눈에서 일어나는 재생이라고 하는 세포사회의 유연성을 상징하는 현상의 기초가 된다.

렌즈의 복제 조절

재생된 렌즈는 본래의 것이 정확히 복제된 것이다. 크기나 두께나 형태가 똑같다. 어떻게 이렇게 정확한 복제가 가능할까? 그 메커니즘을 생각해 보기로 하자.

〈그림 42〉를 보자. 홍채 위쪽의 세포는 탈색해서 홀가분한 몸으로 세포분열을 한 결과, 세포수가 증가하는 데 따라 차츰 아래로 내려와 중앙에서 축적되기 시작한다. 그러면 제일 안쪽에 있는 세포부터 차례로 세포분열을 정지하고, 정지한 세포는 차츰 길쭉한 형태로 변화하여 "수정체섬유"가 된다.

이 "섬유화"는 아무 데서나 무질서하게 시작하는 것이 아니라 어느 일정한 점에서 시작한다. 그렇기 때문에 완성된 렌즈는 섬유 모양의 세포가 규칙적으로 배열되어 있고, 광학적으로도 "렌즈"로서의 올바른 기능을 갖게 된다.

도대체 "여기서 분열을 정지하라. 렌즈의 세포로 분화하라"라는 지령은 어디서 나오고 있을까? 지령은 눈 안쪽 바닥에 있는 망막에서부터 나오고 있다. 이 지령의 전달상태가 또 썩 잘 되어 있다.

〈그림 43〉에 나타냈듯이 탈색을 하고 있는 분열 중인 세포의 덩어리를 보통의 정상적인 위치로부터 처지게 해서 눈 속의 여기저기에다 둬보자. 물론 이런 실험은 웬만큼 손재주가 좋은 사람이 아니면 힘들 것이다. 그러면 망막 바로 가까이에 접해 두었던 것은 일찌감치 분열을 정지하고

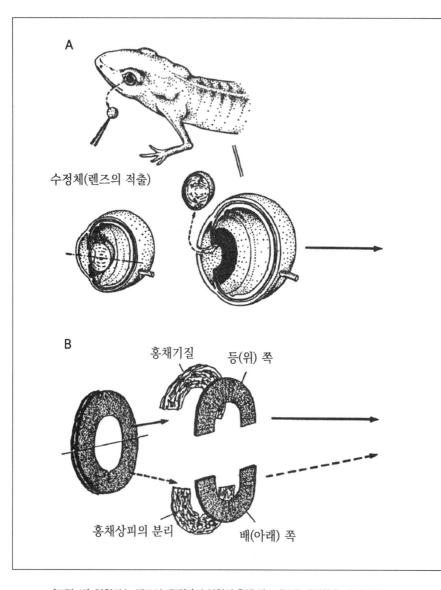

A

수정체(렌즈의 적출)

B

홍채기질   등(위) 쪽

홍채상피의 분리   배(아래) 쪽

〈그림 42〉 영원의 눈 렌즈의 재생(A)과 영원의 홍채 색소세포를 배양했을 때 일어나는
렌즈로의 분화 전환(B) (에구치 박사)

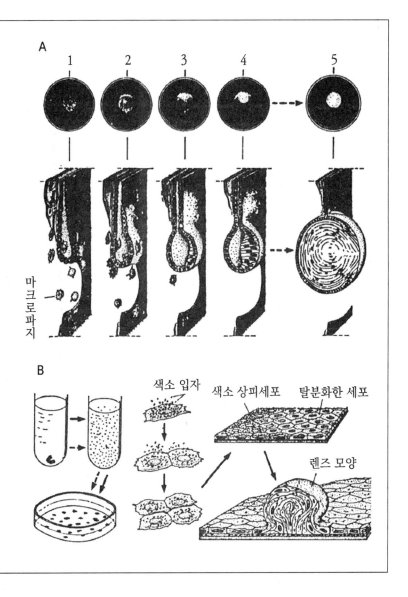

A

마크로파지

B

색소 입자   색소 상피세포   탈분화한 세포

렌즈 모양

섬유화하는 분화가 일어난다.

그렇기 때문에 완성된 렌즈는 보통 것과 비교할 때 훨씬 소형으로 되어 있다. 두는 위치를 망막에서부터 더 멀리 떼어놓아, 정상 렌즈가 형성되는 장소보다 약간 앞쪽인 전안방(前眼房)이라고 불리는 장소에다 붙여주면 어떻게 될까? 망막으로부터의 지령은 좀처럼 도달하지 못할 것이다. 재생 중인 세포는 분열을 반복하느라 분화가 늦어진다. 따라서 당연하게도 정상보다 훨씬 대형인 렌즈가 만들어진다.

정상적인 눈에서는 렌즈와 망막이 일정한 거리를 두고 떨어져 있다. 그렇기 때문에 큰 렌즈나 작은 렌즈가 무질서하게 만들어지는 것이 아니라, 반드시 그 개체가 본래부터 가졌던 것과 같은 일정한 크기의 렌즈가 만들어지게 된다.

분열하고 있는 세포 덩어리 속의 반드시 일정한 위치에서 분열이 정지하고 분화가 일어난다고 앞에서 설명했다. 이 위치야말로 망막으로부터의 지령이 최초로 도달하는 곳일 것이다.

망막으로부터의 신호는 결코 신경처럼 세포에 의해 전달되는 것이 아니다. 앞에서 그림으로 나타낸 눈의 횡단면을 봐주기 바란다. 망막과 렌즈 사이에는 어떤 세포도 없고 액체가 고여 있을 뿐이다. 렌즈는 망막으로부터 리모트컨트롤을 받고 있는 셈이다. 그러므로 확산하는 성질이 있는 화학적인 분자가 이 지령을 운반하고 있을 것이다.

그것은—또 깜짝 놀랄 만큼 재치있는 실험이 되겠지만—아직 분화하지 않은 증식 중인 재생세포의 덩어리를 잘라내, 그것을 여과지로 감싸서

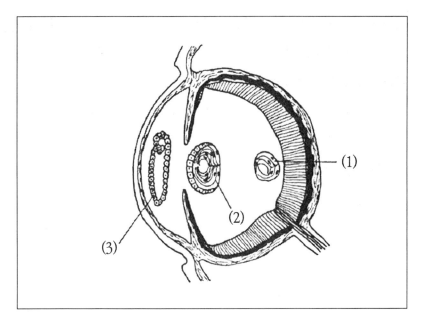

〈그림 43〉 눈 속 여러 위치에서의 렌즈 분화
망막 가까이에서는 작은 렌즈가 신속히 분화한다(1). (2)는 정상위치, (3)의 위치에서는 재생세포가 아직도 증식을 계속하고 있으며 분화해 있지 않다.

만든 상자 속에 넣어 망막 가까이에 놓아두면, 바로 렌즈로의 분화가 일어나기 때문이다. 즉 망막으로부터의 지령이 분명히 여과지를 통과하여 상자 속 세포에 이르고 있는 것이다.

이렇게 돌에 부딪혔거나 기생충이 달라붙어서 렌즈를 상실한 영원은, 모양새도 크기도 본래의 것과 조금도 다르지 않은 렌즈를 정확히 복제하게 되는 것이다.

생물의 각 기관이 올바르게 그 기능을 다하기 위해서는, 정확하게 균

형이 잡힌 크기와 형태가 필수조건이라는 것은 말할 나위가 없다. 지금 영원의 눈 하나를 보더라도, 정확한 형태라는 것은 이러한 세포의 증식과 분화의 조절로 결정된다는 것을 잘 알 수 있을 것이다.

즉, 하나의 눈 속에 있는 렌즈와 망막이라고 하는 다른 부분 사이엔 참으로 잘 조화된 신호가 전달되고 있는 것이다. 이러한 조절의 메커니즘 하나하나를 밝혀 나가는 실험이야말로, 생물학 연구에서 더할 수 없이 큰 즐거움이라고 할 수 있을 것이다.

4. 유전자의 낭비

세포의 전문적인 직업

렌즈의 재생에서 볼 수 있는 현상은, 세포의 분화 메커니즘 외에도 많은 기본적인 자료를 제공해 준다. 여기서 다시 한번 생물학 연구에서 최대 문제의 하나인 세포의 분화와 눈의 재생에서 일어나는 세포 변화의 예를 구체적으로 살펴보자.

다세포생물의 생명의 출발점은 수정란이다. 이것에서부터 완성된 생물 개체로 발생되기까지는 우선 양의 증가—즉 세포의 증식—가 일어난다는 것은 말할 필요도 없다. 그러나 같은 세포만 그대로 자꾸 불어나는 것은 수정란의 수만 증가할 뿐이다. 이래서는 신체가 형성될 리가 없다.

세포는 양의 증가뿐 아니라 질도 규칙적으로 증가하지 않으면 안 된다. 어느 정도 다른 역할을 가진 다른 형의 세포가 집합되어야만 다세포사회의 체제가 구축되는 것이다. 이 같은 질의 증가가 세포의 분화이다.

우리 몸을 살펴보자. 거기에는 다종다양하게 분화된 세포가 있다. 신경세포라든가 근세포, 혈구세포 등 분화한 세포의 성질은 원칙적으로 안정되어 있다. 근세포가 갑자기 신경세포로 변하는 일은 없다. 만약 분화한 세포가 그 성질을 바꾼다면 그것은 암세포라고 하는 정체불명의 세포로 전환되는 경우일 것이다.

좀 더 하등한 동물이라면 분화한 세포의 성질도 다소는 유연한 것 같다. 발이 잘려져 나간 영원에서는 잘린 그루터기 세포가 갑자기 활발하게 증식을 시작할 뿐 아니라, 분화적인 면에서도 다소 전환하는 것 같다는 것은 이미 설명했다.

렌즈의 재생일 때는 변화가 더욱 극적이다. 검은 색깔을 드러내고 있던 색소세포가 색깔을 상실한 뒤, 다시 한번 분화할 때는 본래와 생판 다른 렌즈의 세포로 전환한다.

세포의 분화라고 하는 것은 그 형태와 기능에서 서로 두드러지게 다른 형의 세포를 낳게 하는 일이다. 따라서 당연한 일이지만 각각의 형으로 분화된 세포는 물질 면에서도 두드러진 차이가 있다. 이를테면 적혈구의 세포에는 헤모글로빈이라는 단백질이 듬뿍 포함되어 있고, 이 세포는 특별한 단백질을 전업적(專業的)으로 생산하고 있다.

지금 당면 문제인 눈 홍채의 색소세포에는 멜라닌이라고 부르는 검은 색소가 다량으로 들어 있고, 그것을 생산하기 위한 특별한 효소류도 전부 갖추고 있다.

렌즈는 어떨까? 이것은 색소세포와는 정반대의 투명한 조직이다. 우리 몸속에서 투명한 조직이라고 하면, 각막을 제외하고는 렌즈가 유일한 것이기 때문에, 여기에는 다른 것과 상당히 다른 특별한 분자가 존재할 것이라고 상상할 수 있다.

실제로 그렇다. 렌즈 세포의 주성분을 이루는 단백질은 크리스탈린이라고 불리는 것으로서, 몸의 렌즈 이외에는 어느 부분에도 거의 존재하지 않는 특별한 물질이다. 그러므로 물질이라든가 분자라든가 하는 면에서 말하자면, 재생과정에서 색소세포는 엄청나게 그 성질을 전환했다고 하겠다.

영속되는 연구 테마

생물이 나타내는 현상이라는 것은, 재미있는 것이라고 소박하게 느껴지는 것일수록 그 이해가 보통의 방법으로는 수월하지 않다. 시대와 더불어 각도와 방법을 여러 가지로 바꾸어 가면서, 오랫동안 연구를 계속하지 않으면 안 된다. 간단하게 말하면, 최초에 현상 자체의 발견이 있고 이어서 그것에 대한 자세한 관찰과 기술(記述)이 있다. 그러고는 이윽고 어떻게 해서 그와 같은 눈부신 현상이 일어나는가를, 시대마다 걸맞은 방법으로써 추구하게 된다.

영원의 렌즈를 제거하는 장난을 시도하여, 제거된 렌즈가 재생한다는 사실을 최초에 발견한 사람은 코루치라는 이탈리아인으로, 지금으로부터 약 100년도 더 전에 있었던 일이다. 이 흥미로운 현상에 이끌려 자세히 관찰한 사람이 독일의 유명한 발생학자인 슈페만이었다. 20세기 초의 일이다.

당시, 이 슈페만의 연구실에 유학하고 있던 사람이 일본의 사토 씨로서, 그는 슈페만으로부터 렌즈 재생의 테마를 계승하여 귀국한 후에도 나고야대학에서 연구를 계속했다. 또 이 연구 테마는 사토 씨의 문하생인 에구치(현재 기초 생물학연구소)에게 승계되었다. 앞서 163~174쪽에 걸쳐서 소개한 일련의 훌륭한 연구는, 이 에구치가 이룬 것이다. 1960년대 말부터 에구치는 교토대학으로 옮겨와서 필자와 협력하여 조금 다른 입장과 다른 기술(技術)로, 그러나 본질적으로는 놀랍게도 100년 이상의 세월을 거쳐온 같은 테마의 연구를 다시 계속했다.

왜 필자가 끈덕지게 이런 경위를 말하고 있을까? 요즘 과학에는 주간지처럼 금방 사라져버리는 테마도 있다. 그런 경향은 의심할 바 없이 근대적이고, 거기에 독특한 활기가 넘치고 있다는 것을 평가해야 할 것이다.

그러나 과학, 특히 생물학과 같은 분야에는 믿을 수 없을 만큼 긴 호흡을 필요로 하는 테마가 필연적으로 있으며, 그런 테마 중에는 두드러진 특성을 지닌 것이 있다. 하기야 필자보다 좀 더 앞 세대의 생물학 선배 중에는, 단지 호흡이 길다는 것만을 미덕(美德)으로 간주하고, 호흡이 길기만 하면 귀중한 것이라고 생각하는 사람도 없지 않다.

그러나 그것은 결코 올바른 태도가 아닐 것이다. 예로부터 흥미로운 테마가 생물학으로서 의의를 지니기 위해서는, 그것에 대한 연구방법이 시대를 올바로 반영하고, 항상 새로운 것을 추구하는 것이어야 할 필요가 있다.

그렇다면 실로 100년 이래의 테마인 렌즈 재생의 연구는 어떠했을까? 에구치 박사와 필자가 1970년대 이후 어떤 일을 시도해 왔는지 간단히 설명해 보겠다.

분화의 전환을 증명

그 하나는 세포의 분화전환이 실제로 일어난다고 하는 것을, 아무리 의심이 많은 현대인에게도 설득할 수 있을 만한 증거를 내놓는 일이다. 아무리 재미있게 보이더라도 그 사실을 확실히 증명하지 않고, 모호함을 남긴 연구보고라면 현대인은 만족하지 않는다.

이를테면 영원의 렌즈 재생을 관찰해서, 색소세포의 자손이 렌즈가 되는 과정을 볼 수 있었다는 것만으로는 증명이 되지 않는다. 그것은 상황증거(狀況證據)에 불과하다.

증명을 하려면 어떻게 하면 될까? 그것에는 눈의 검은 세포─가능하면 그 한 개─를 유리관 속에서 배양하여, 그 자손이 렌즈가 되는 과정을 제시하는 것이다. 어쨌든 동물의 몸속을 현미경으로 직접 관찰할 수는 없다. 그러므로 어느 시점마다 동물을 죽여서, 현미경 아래서 관찰이 가능할 만한 표본으로 만들고, 그것을 검사하여 얻은 지견(知見)을 접합해 나가야 한다.

우리는 1970년대에 이 같은 배양실험으로 세포의 분화전환에 대한 증거를 얻을 수가 있었다. 그러느라 이면적인 고생이 적지 않았지만, 이런 고생은 어떠한 과학적 발견에도 따르기 마련이다.

그런데 이 같은 배양실험을 하고 있을 때 우리는 기묘한 사실을 발견했다. 그것은 유리그릇 속에서 일어나는 색소세포의 렌즈로의 전환이, 영원과 같은 재생능력이 있는 동물에만 국한되지 않고, 닭이나 사람에서도 배(태아)의 것을 배양하면 전환이 일어난다고 하는 점이다.

또 렌즈로 전환할 수 있는 것은 눈의 홍채나 망막에 있는 색소세포만 이 아니다. 눈의 신경성 망막세포도 역시 렌즈로 전환될 수 있다는 것을 알았다. 이 세포는 색소세포로도 전환할 수 있다. 한편 망막의 색소세포 는 렌즈뿐만 아니라, 신경성 망막으로도 전환할 수 있다는 것이 영원이나 개구리, 나아가서는 닭의 배에서도 완전히 증명되었다.

〈그림 42〉에는 영원의 눈이 재생될 때 일어나는 변화와 눈의 색소세 포나 망막세포를 배양했을 때 일어나는 변화를 함께 나타냈다.

분화의 딱딱함과 부드러움

이런 사실이 밝혀지자, 세포의 분화가 매우 융통성 있는 것처럼 생각되 었다. 물론 이 사례는 전부 눈의 세포에 대한 것이지만, 발의 재생에서도 흡사한 일이 소규모로나마 일어나고 있다는 것은 이미 앞에서 언급한 바 있다. 그러나 한편 우리 몸속의 다른 형의 세포를 관찰한다면 어떠할까?

직관적으로 말해서, 우리 간장의 실질세포(實質細胞)가 갑자기 신경세 포로 전환하거나, 심장의 심근세포(心筋細胞)가 혈구세포로 전환하거나 하 는 일이 일어날 수 있으리라고는 상상조차 할 수 없다. 아마도 우리 몸속 에 있는 분화한 세포가 그 성질을 바꾼다고 하면, 그것은 암세포라고 하 는 비정상적인 것으로 전환되는 경우뿐이고, 정상세포 A형이 정상세포 B

형으로 전환하는 일이란 직관적으로는 없을 것 같다.

이것은 굳이 사람과 같은, 이른바 고등동물만이 그렇다는 것은 아니다. 영원만 하더라도 발이 절단되거나, 렌즈가 제거되거나 하는 어처구니없는 사태에 부딪히지 않는 한은, 분화한 세포의 성질이 그토록 바뀌는 일이란 없는 것이다. 즉 세포의 분화라고 하는 것은 딱딱하고 부드러운 양면의 성질을 아울러 갖춘 현상이라고 하겠다.

이러한 사정을, 이번에는 분자생물학(分子生物學)이라고 불리는 분야의 방법과 용어를 다소 사용해가면서 좀 더 해설하기로 한다.

다세포생물은 세포의 분열 없이는 성립될 수 없다는 것은 자명하다. 세포가 분열할 때마다 유전자물질인 DNA는 정확하게 본래와 조금도 다르지 않은 것 2개로 만들어져서 2개의 세포로 분배된다. 즉 다세포생물의 수정란으로부터 발생이라는 과정을 거쳐 하나의 생물 개체를 만들고 있는 세포는 모두가 같은 DNA를 갖게 되는 것이다.

분화를 결정하는 소자

그런데 세포 자체의 성질은 어떠할까? 세포분열로 같은 세포밖에 만들 수 없는 것이라면, 수정란은 수정란만 만들어 몸은 수정란이라고 하는 단 한 가지 형의 세포로 이루어진 다세포생물이 될 것이다. 그런 존재는 있을 리가 없다. 다세포생물인 한, 몸은 몇 가지 이상의 다른 형의 세포로 구성되어 있다. 즉 세포의 분화가 일어난다.

세포의 분화라고 하는 것은 DNA와는 직접적으로 아무 관계 없이 일어나는 것일까? 더욱더 자세히 DNA를 조사한다면, 사실은 분화와 더불어 DNA 쪽에도 차이가 생기고 있다는 것을 알게 될지도 모른다.

그러나 A형으로 분화한 세포와 B형으로 분화한 세포에서는 같은 DNA, 즉 같은 유전자를 갖고 있지만, DNA의 어느 부분이 특별하게 작동하도록 되어 있느냐에 따라 분화라고 하는 차이가 생기고 있다. 이런 사고방식은 1970년대까지 주류를 이루고 있었다.

그러던 것이 1970년대 후반이 되고부터 DNA라는 분자는, 일찍이 생각하고 있었던 것보다 훨씬 다이내믹한 행동을 한다는 사실이 알려지게 되었다.

사실, 어떤 세포의 분화에는 DNA 자체의 변화, 즉 이 큰 분자의 일부가 빠져나가거나 새로 결합하거나 하는 것이 원인이라는 획기적인 사실을 발견하게 되었다.

어떤 세포라고 말한 것은, 고등한 동물의 면역(免疫)이라고 하는 중대한 현상에 관여하는 임파구세포의 경우를 말한다. 이 세포는 외부로부터 침입해 오는 이물과 싸우려고 "항체"라는 단백질을 만든다(2장 참조).

이물은 천차만별한 것이므로, 그들 하나하나와 싸우기 위해서는 그렇게 많은 종류의 항체를 만들 수 있을 만큼 여러 가지 형의 임파구형으로 분화하지 않으면 안 된다. 그리고 이 같은 다양한 분화가 일어나려면, 저마다의 형에 따라 DNA가 미묘하게나마 달라지지 않으면 안 되는 것이다.

이 발견이 지니는 생물학상의 의의는 헤아릴 수 없을 만큼 크다. 이 발견으로 DNA라고 하는 유전물질이, 발생 과정에서 변화할 수 있다는 사실이 제시되었다.

이 발견이 세포분화의 연구에 미친 영향은 물론 매우 큰 것이었고, 많은 연구자가 이 같은 입장에서부터 세포분화의 메커니즘을 이해하려고 했다.

생물학처럼 꽤 복잡한 현상을 상대로 해야 하는 학문에서는, 혁신적이라고도 할 만한 어떤 사고(思考)가 참으로 오래전 시대의 사람들에 의해 거의 직관적으로 제안되었던 일이 자주 있었다.

유전자 DNA의 변화를 세포분화의 원인이라고 하는 사고방식의 원형은, 놀랍게도 1880년대에 바이스만이라는 독일 학자가 제출했다. 물론 당시에는 DNA는커녕, 유전자라고 하는 개념조차도 확실하지 않았다. 더구나 아무런 실험적 근거도 없이—실은 발생과 분화의 실험적 연구는 이 바이스만의 가설을 증명하기 위해 처음으로 행해졌다—발생 과정의 세포 분열에서는 분화 결정소자(分化決定素子)라고 할 만한 것이 다르게 분배되기 때문에 세포분화가 일어난다고 주장했던 것이다. 이것은 역사의 한 에피소드다.

크리스탈린 유전자는 어느 세포에도 있다

그런데 세포분화에서 DNA의 변화가 일어난다고 하는 중요한 발견은,

임파구가 많은 종류의 항체를 만드는 것에 대한 연구로부터 발견되었다. 다른 형의 세포에서는 어떨까? 근육이나 렌즈에서 신경이 분화하는 경우에도 같은 일이 일어날까?

현재의 대답으로는 부정적이다. 렌즈를 예로 들어 좀 더 살펴보자. 척추동물의 렌즈를 구성하고 있는 주된 단백질은 크리스탈린이라고 불리는, 렌즈 이외의 조직 세포에서는 거의 검출되지 않는 특별한 것이다.

크리스탈린은 단백질이기 때문에, 물론 그것을 저장하는 유전정보가 DNA에 있다. 이 크리스탈린 유전자(하나가 아니다)는 렌즈뿐 아니라 몸속 어느 조직 혹은 기관의 세포에도 있다. 또 유전자 재조합기술(遺傳子再組合技術)을 사용해서 자세히 조사해 보더라도, 렌즈세포에 존재하는 크리스탈린 유전자와 이를테면 뇌세포에 존재하는 동일 유전자와는 다른 데가 없다.

세포의 분화라고 하는 것은 똑같은 유전자조성을 가진 세포에서, 어느 유전자 또는 어느 유전자의 세트가 특별히 활발하게 작용하는가에 따라서 결정되고 있는 것이 일반적이다.

예를 들어 망막이나 홍채의 세포에서는 크리스탈린 유전자가 휴면상태에 있는데, 재생이나 세포배양이 되었을 때는 이들이 잠에서 깨어나 활발하게 메신저 RNA의 합성을 촉진하고[전사(轉寫)라고 부른다], 그 결과로 다량의 크리스탈린 단백질이 만들어져 렌즈로의 분화전환이 일어나게 된다.

이 같은 크리스탈린 유전자가 분화전환 즈음해서 잠에서 깨어나는 메커니즘은 분자생물학적 방법을 사용하여 꽤 자세히 연구되고 있는데, 그

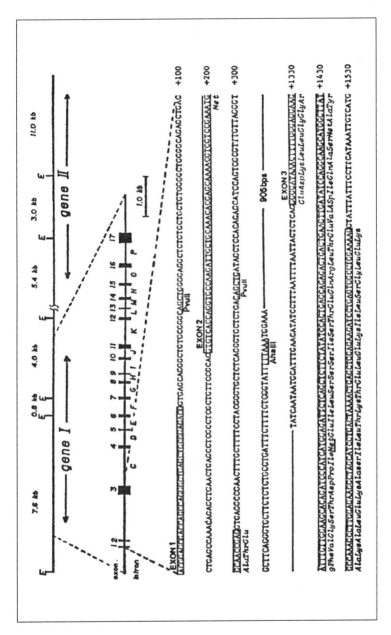

〈그림 44〉 δ−크리스털린 유전자의 구조

것들을 일일이 여기서 해설할 필요는 없을 것이다. 그 내용은 보다 전문적인 해설서에 넘기기로 한다. 그 대신 여기서 세포분화가 일반적으로 유전자의 구조변화 없이 일어나는 것에 대한 일반적인 생물학적 의의를 고찰해 보기로 하자.

유연성의 보증

항체를 만들어 내는 임파구세포가 최종적인 분화를 하기까지에는 유전자 자체의 변화가 있는 것이 확실하다. 갖가지 다른 항체를 만든다고 하는 실로 다양하면서도, 그러나 종말적이라고도 할 수 있는 미세한 차이가 세포 사이에 생기는 데 있어서, 이 같은 분화양식이 취해진다는 것은 엄연한 사실이다.

그러나 발생이라고 하는 과정에서 신경이라든가 근육이라든가 렌즈세포가 되는, 말하자면 기본적이기는 하지만 큰 차이가 생기기 위해서는, 유전자 자체의 구조변화가 원인이 되지 못하는 것 같다. 그렇다면 세분화된 세포에는 유전자의 커다란 낭비가 있다는 것을 알게 된다. 뇌의 신경세포에서나 근세포에서, 이를테면 크리스탈린 유전자는 완전한 낭비이며 휴면을 계속하고 있는 것에 지나지 않는다.

즉 세포가 분화한다고 하는 것은 대부분 이런 낭비 가운데 진행되고 있는 것이다. 만약 "렌즈로 분화하는 세포에서 렌즈라고 하는 특별한 세

⟨그림 45⟩ 평소에는 잠을 자던 쓸데없는 유전자가 긴급 시에는 잠에서 깨어 활동한다

포의 기능에 필요한 유전자만을 남겨두고, 여분의 유전자는 세포로부터 방출해 버리는 것이 원인이다"라고 생물학상의 중요문제인 세포분화의 메커니즘을 해설한다면, 그 설명은 비교적 간단하고 누구든지 쉽게 이해할 수 있을 것이다.

하지만 유감스럽게도 사실은 그렇지가 않다. 여기에 생물의 분화에 대한 설명이 무척 힘든 이유가 있다. 세포의 분화가 얼핏 보아서 몹시 개운치 않은, 어정쩡한, 더구나 낭비를 많이 하게끔 되어 있는 것은, 그것대로 생물에게 의의가 있는 것이 아닐까?

앞에서 영원의 렌즈를 제거하면, 그것은 바로 위에 있는 홍채의 색소세포가 변화해서 어김없이 재생한다는 것을 자세히 설명했다. 색소세포는 렌즈에 특유한 단백질인 크리스탈린을 만들지는 않지만, 크리스탈린 유전자는 있다.

그렇다고 해서 크리스탈린 유전자는 필요하지 않다는 이유로, 색소세포가 분화하는 과정에 그것들을 방출해 버리면 어떻게 될까? 렌즈를 상실한 영원은 울고불고한들 다시는 렌즈를 재생할 수 없을 것이다.

영원의 색소세포에서는, 렌즈가 제거되는 긴급한 돌발사태에 부딪히지 않는 한, 크리스탈린 유전자와 같은 것은 전적으로 무용지물이라고 할 수 있을 것이다. 그러나 긴급한 경우에는 이것들이 바로 귀중한 보물이 되는 것이다.

세포의 분화가 참으로 속이 탈 만큼 답답한 방법을 통해서, 유전자를 모조리 남겨 놓으면서, 그런대로 어떻게든지 특별한 형의 세포를 만든다는 것은 생체의 재생과 수복능력의 필수적인 보증이 되고 있는 것이다.

사람을 포함해서 고등동물은 재생과 수복능력이 매우 낮기 때문에, 이러한 낭비로 보이는 보물의 고마움을 실감하는 일이 적지만, 근본적인 세포분화의 양식은 다른 생물과 같다.

여기까지 이야기가 진전되면 여러분은, "세포는 분화하더라도, 어떠한 유전자도 모조리 갖추어져 있다면야, 긴급한 돌발사태 이외의 경우에는 쓸데없는 유전자는 얌전히 잠이나 자고 있으면 되겠군"이라고 생각할 것이다.

실제로 이 문제는 세포의 분화를 연구하는 데 핵심적인 문제다. 그러나 필자는 이것에 대해서 교활하게 대답을 회피하면서—그 까닭은 대답하기 어렵기 때문에—하나의 분화된 세포에서 휴면하고 있는 유전자를, 얼마만큼이나 잠에서 깨어나게 할 수 있느냐고 하는 점을, 실험 결과에 근거하여 소개해 볼까 한다.

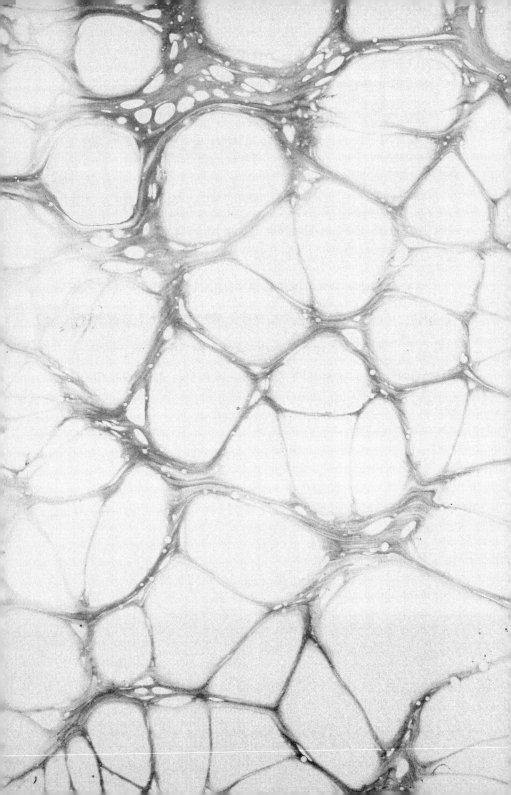

4장

세포로부터 개체를 만든다

1. 어버이가 없는 식물의 재생산

식물의 종양

재생능력에 대해서 말한다면, 영원이나 플라나리아보다 식물의 재생능력에서 더 놀라게 된다. 아마도 식물의 세포는 동물에서 발견할 수 없는 뜻밖의 성질을 감추고 있을지도 모른다.

식물에 상처를 내면, 그 장소에서 세포가 자꾸 분열하여 잎사귀나 줄기답지 않은 커다란 덩어리를 형성한다. 이것을 '캘러스(callus)'라고 부른다. 캘러스는 외관은 물론이고 그 속의 세포를 현미경으로 조사해 보면 보통 식물체의 세포보다 훨씬 간단한 무성격적이다. 그러므로 동물의 암이나 종양과 것과 공통적인 면을 갖고 있다. 그러나 이 캘러스가 식물 개체의 생명을 빼앗는 일은 없다. 캘러스에서는 식물체의 어느 부분도 다 훌륭하게 발생되어 나온다.

식물이 바이러스나 세균에 감염되면, 그 자극으로 세포가 자꾸 증식하기 시작해서, 역시 캘러스와 같은 덩어리를 만드는 일이 생긴다. 이것을 "영(gall: 癭)"이라고 부른다. 영의 세포도 역시 단순하고 잘 증식한다. 이같은 성질로부터 영도 역시 식물체의 암이나 종양과 같은 것으로 봐도 괜

찮을 것이다.

그러면 지금 담배에 생긴 영 속의 세포 1개를 끄집어내 유리그릇 안에서 배양해 보자. 배양액에 충분한 영양과 성장에 필요한 호르몬류 등이 들어가 있으며, 배양한 1개의 세포는 자꾸 증식해 간다. 여기까지는 앞에서 본 동물의 세포 1개를 유리그릇 안에서 배양했을 때와 같다. 그런데 여기

〈사진 46〉 벼의 캘러스(중앙의 덩어리)를 배양한 것. 배양액으로부터 옥신이라는 식물 호르몬을 제거하면 캘러스의 분화가 시작되어 위쪽으로 줄기, 아래쪽으로 뿌리가 생긴다

서부터 동물의 세포배양과 달라지게 된다.

수가 증가한 세포는 차츰 집합해서 세포의 덩어리(細胞集塊)를 만들기 때문에 이것을 다시 다른 용기로 옮긴다. 그러면 이것은 무럭무럭 성장해서 무엇인가 식물 비슷한 형태를 나타내기 시작한다. 이때 이것을 다른 담배에 접목한다. 그러면 놀랍게도 훌륭한 줄기와 잎을 만든다. 접목의 대목(台木)으로 사용한 식물로부터 만들어진 것이 아니냐고 할지도 모르나 그렇지 않다. 식물의 세포는 단단한 셀룰로스로 이루어진 세포벽을 갖고 있고, 바탕이 되는 세포와 접목한 세포 사이는 잘 격리되어 있어서, 양자 사이에 세포가 혼합되는 일도 없다.

배양세포로부터 완전한 식물로

이 같은 성질은 영의 세포에만 한정된 것일까? 정상적으로 발생한 식물체의 분화되어 있는 일반적인 세포에서는 어떨까? 미국의 스티워드는 아마도 생물학 역사에 길이 남게 될 획기적인 실험에 성공했다.

그는 당근 뿌리의 체관부라고 불리는 조직의 한 조각을 추출하여 영양을 충분히 포함한 배양액을 넣은 플라스크에서 배양했다. 세포는 자꾸만 증식했고, 증식한 세포는 조직 덩어리에서 흩어져나가 하나하나의 세포나, 소수의 세포가 모인 작은 덩어리가 되어 배양액 속에 떠 있었다.

그런 것들을 하나씩 취해서 다른 시험관으로 옮겼다. 세포는 증식을 계

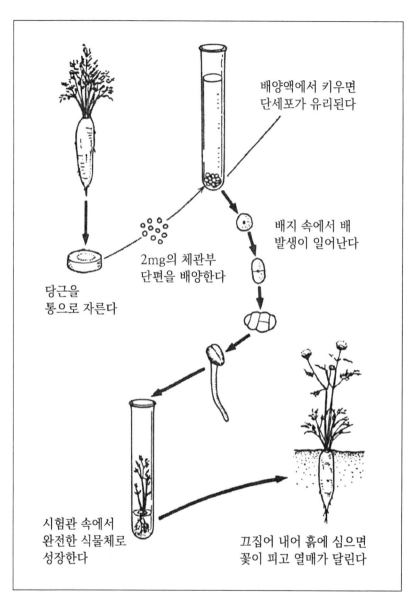

배양액에서 키우면
단세포가 유리된다

배지 속에서 배
발생이 일어난다

2mg의 체관부
단편을 배양한다

당근을
통으로 자른다

시험관 속에서
완전한 식물체로
성장한다

끄집어 내어 흙에 심으면
꽃이 피고 열매가 달린다

〈그림 47〉 배양세포로부터 당근을 만들어 낸 스튜어트의 실험

속하고, 덩어리는 점점 커져서 무엇인가 어린 식물 비슷한 것으로 되어갔다. 이것이 "식물 비슷한" 것이 아니라, "식물" 자체가 되는 것인지 어떤지를 조사하기 위해 흙에다 심자, 바로 뿌리, 줄기, 잎을 갖춘 훌륭한 당근으로 자랐다.

이렇게 육성한 당근—뒤에 말하겠지만 이 같은 당근을 클론 당근이라고 부른다—의 뿌리에서 다시 조직을 떼내어 배양한 것에서도 같은 일이 반복되어, 배양을 통해 탄생한 2대째의 당근을 얻을 수가 있었다.

이 실험 결과는 식물체 뿌리의 체관부라고 하는 조직세포 하나하나가, 식물이 일생 동안 거치는 생활사(生活史)를 전개하여, 한 개의 완전한 식물체를 만들 수 있는 능력을 간직하고 있다는 사실을 밝혀 주었다. 이윽고 뿌리의 체관부 조직 세포뿐 아니라, 줄기와 잎의 어느 세포에도 이 같은 능력이 숨겨져 있다는 사실이 밝혀졌다.

덧붙여 말하면 반대의 일, 즉 어떤 조직의 세포를 배양해서 증식한 것으로부터 온전한 식물체가 아닌 뿌리나 잎만을 발생시킬 수도 있다. 이것은 배양액의 조성—특히 어떤 호르몬을 얼마만큼 공급하느냐—을 적당히 바꿈으로써 가능해지는 것이다.

세포의 재발견

이 실험 결과는 앞에서 했던 질문, 즉 하나의 분화한 세포에는 얼마만큼이나 넓은 레퍼토리가 있느냐는 문제에 명확한 대답을 제공한다.

즉 식물의 잎, 줄기, 뿌리의 분화된 각 체세포는 완전한 식물 개체를 만들어 낼 만한 모든 능력이 잠재해 있으며, 그 능력은 몇 개의 세포 또는 1개만을 식물체로부터 잘라내, 유리그릇 속에서 배양하여 증식해 발휘하게 할 수 있다. 즉 식물에서는 분화한 체세포가 개체를 재생하는 능력을 갖추고 있는 것이다.

필자는 이 실험을 "세포의 재발견"이라 보고, 역사적으로 그 위치를 설정해 보려고 한다. 즉 이 실험으로, 다세포생물은 세포 하나하나가 살아가기 위한 모든 장비를 지니고, 더구나 잠재적으로는 하나의 개체를 만들 수 있을 만한 설계도를 더불어 갖고 있다는 것이 확인되었던 것이다.

세포는 특별한 형으로 분화하더라도, 유전자의 조성이라고 하는 면에서 수정란이던 때와 마찬가지로 대부분 완전한 세트를 갖추고 있다는 것은 이미 이야기했다. 이것은 생물학적 실험으로 확실한 근거가 주어진 것이다.

클론식물—바이오테크놀로지

담배와 당근에서 시작된, 식물의 배양세포로부터 완전한 식물체를 만들어가는 실험의 성공은 더 큰 생물학적 의의를 가지고 있다. 배양으로 키운 당근의 양친은 누구일까? 배양으로 자란 당근의 그 세포를 다시 배양해서, 그것에서부터 자란 당근의 진짜 부모는 어느 것일까? 이런 실험의 식물은 그 생활사 즉 개체의 역사가 생식에 의해 시작된 것이 아니기 때문에 보통 생물에서 말하는 양친이라는 것이 없다.

세포는 세포분열로 같은 것을 복제하고 재생산하고 있다. 박테리아와 같은 단세포생물에서는 이 과정 자체가 개체의 재생산이 된다. 그러나 다세포동물이나 식물에서는 생물 개체의 재생산이 생식이라고 하는 과정을 거쳐서 비로소 이루어지고 있다는 것은, 아담과 이브 이래 너무나도 자명한 일이다. 그런데 이 식물세포의 배양실험 결과가 가리키는 바는, 식물의 몸속 세포는 그 하나하나가 개체를 재생산할 수 있는 능력을 모두 간직하고 있다는 점이다.

배양으로 자란 당근은 그 세포를 취해 온 본래의(양친이 아닌) 당근과 유전적으로 똑같다는 것이 자명하다. 따라서 많은 세포를 배양하여 하나하나로 키우면, 본래의 것과 똑같은 유전적 성질을 가진 개체를 얼마든지 복제할 수 있게 된다.

하나의 기원에서부터 생긴 똑같은 성질의 복제로 이루어지는 집단을 가리켜 생물학에서는 "클론(clone)"이라고 부른다. 그러므로 세포배양으로 "클론식물"이 만들어지게 된다.

식물세포에 대한 이런 실험 결과는 지금 널리 알려져 있다. 이 실험에서 시작된 일련의 연구 진보는 바야흐로 바이오테크놀로지의 커다란 기둥이 되었다. 또 나아가서는 바이오산업이라고도 할 영역으로 전개될 것도 기대하고 있다. "우리 회사에서도 손을 대고 있는걸"이라고 여러분 중에서도 말할 사람이 있을 것 같다.

이러한 식물세포에 관한 기초적인 연구 성과를 응용적인 발전과 어떻게 결부해 나갈 것인가? 그에 대한 상세한 이야기는 이미 수많은 저서가 출판되어 있으므로, 굳이 이 작은 책에서 더 이상 언급할 필요는 없을 것 같다. 어쨌든 간에 식물세포에서, 세포로부터 개체의 재생에 성공함으로써 식물생산의 전혀 새로운 수단을 제공하게 되었다.

포마토

과거에는 정말 아주 느긋한 자세로, 여러 계통을 **교배(交配)**하는 조작을 반복하여 생산성이 높은 유용한 식물을 만들어 왔다. 그러나 이러한 느긋한 양식에 대체되어 바야흐로 수많은 클론식물을 만들어 냄으로써, 단숨에 끝장을 보는 작전을 세울 수 있게 되었다.

현재는 한 그루의 식물 전체가 아니라 잎이라면 잎만, 뿌리라면 뿌리만의 클론이 만들어지기 때문에 이것으로 이 식물의 유용한 부분만을 의도적으로 생산하게 할 수도 있다.

또 식물의 세포를 유리그릇 속에서 배양하고 증식하는 과정에서, 어떤 특별한 유전자를 유전자 재조합 방법으로 외부로부터 새로이 도입하는 일도 가능하다.

또 다른 종류의 식물세포를 인공적으로 융합해(세포 융합) 자연계에는 절대로 존재하지 않는 잡종세포를 만들게 할 수도 있다. 더구나 이 인공적

〈그림 48〉 포마토의 개념도
유감스럽게도 실제로는 이 그림과 같이 감자도 달리고 토마토의 열매도 생기는 식물이 육성되지 않았다(오야마 박사 제공)

이라고도 할 세포는 잘만 키우면 식물 개체를 재생할 수도 있을 것이다.

'포마토(pomato)'라는 이름의 식물이 유명해졌다(그림 48). 이것은 포테

이토와 토마토의 배양세포를 융합한 것에서부터 재생되는 개체에 붙여진 별명이다. 이 같은 시도는 실제로 응용적, 경제적인 가치가 실질적으로 확립된 것은 아니지만, 어쨌든 이들 연구가 장차 바이오산업이라 부를 분야의 하나로 전개되리라는 것이 충분히 보증되고 있다.

식물과 동물의 차이

그러면 응용 면과 관련된 문제에는 이 이상 더 깊이 개입하지 않기로 하고, 배양된 식물세포로부터의 개체 재생 연구가 제공해 준 수많은 중요한 생물학상의 문제를 생각해 보기로 하자. 아주 단순한 호기심에서부터 말하자면, 동물의 세포에도 같은 성질이 있느냐고 하는 것은 누구나가 물어보고 싶은 문제일 것이다. 배양된 동물의 세포로부터 개체를 재생시켜 클론 개구리, 클론 생쥐가 만들어질 수 있을까?

직관적으로 말해서, 아무래도 그런 일은 일어날 것 같지가 않다. 경험적으로 말하더라도 동물의 세포배양에 대해서 헤아릴 수 없을 만큼 많은 예가 있는데도 불구하고, 그런 성질의 일이 일어난 예는 없다(나중에 몇 가지 예외에 대해서 말하겠다).

그렇다면 동물의 세포와 식물의 세포 사이에는 어떤 본질적인 차이점이 있느냐고 하는 의문이 생긴다. 이것은 단순한 호기심뿐만 아니라, 중요한 생물학상의 질문이 되지 않으면 안 된다. 실제로 그러할까?

이미 몇 번이나 반복해서 지적해왔듯이, 세포의 분화라고 하는 것은 유전자조성의 변화 없이도 일어나는 것이 원칙이며, 이 점에서는 동물이나 식물도 같다. 그렇다고 하면 식물과 마찬가지로 동물의 세계에서도 개체의 재생을 가능하게 할 만한 기본적인 조건이 갖추어져 있을 것이다.

이렇게 이야기를 진행시켜 보면, 동물에서는 세포의 능력을 상당히 좁은 범위에 가두어두는 어떤 특별한 억제적 메커니즘이 있는가 하는 의문이 전개된다.

이런 질문에 대답한다는 것은 실제로는 불가능한 일이지만, 방금 말한 것과 같은 문제 설정을 염두에 두면서, 이제부터 소개하는 구체적인 사항을 이해해주었으면 한다.

2. 배세포의 불가사의

2분의 1로부터 1을

세포의 사회는 자기수복이 가능할 정도로 유연한 시스템이라고 특징지어 왔다. 동물이건 식물이건 대부분의 생물은 자신의 상처를 수복하고 재생하는 능력이 있다. 식물의 세포는 이 능력이 최고여서, 단지 1개의 세포로부터도 1개의 개체가 재생될 수 있다.

동물로 말하면, 물론 종류에 따라서 재생의 능력에 크고 작은 상당한 차이가 있지만, 이른바 고등한 동물일지라도 그 발생의 젊은 시기에 이 세포사회의 시스템에 더욱 두드러진 유연성을 가지고 있다.

영원이나 도롱뇽과 같은 양서류의 무리로 분류되는 동물의 수정란이 최초의 세포분열을 해서 2개의 세포로 되었을 때, 그 각각을 분리하면 그 중 하나에서 완전한 한 개체가 자란다고 하는 것이 알려진 것은 1895년의 일이었다.

이 실험으로, 본래라면 몸의 오른쪽 절반, 또는 왼쪽 절반으로 발생해야 할 운명을 지닌 세포조차도 새로운 상황—상대방과 분리되었다고 하는—에 따라 그 후의 발생 프로그램에 큰 변경이 일어나서, 완전한 한 마리로 자랄 수 있다는 것을 우리는 배울 수 있다.

이 실험은 발생이라고 하는 과정이 이토록 유연성을 가진 것임을 보여 주는 전형적인 예로 유명하다. 고등학생을 대상으로 하는 어느 교과서에도 등장하고 있다.

최근에 와서 더 많이, 보다 대규모로 반복된 실험 결과에 따르면 개구리의 예를 볼 때, 사태가 옛날에 생각하던 것만큼 단순하지가 않은 것 같다. 그것은 2개의 세포 어느 쪽도 다 항상 완전한 개구리로 자라는 것이라고는 말할 수 없기 때문이다. 그러나 어느 한쪽만은 반드시 한 마리로 완전하게 자라기 때문에, 2분의 1의 운명을 타고 난 것이 "1"로 발생할 수 있는 유연성이 있다는 것은 틀림없는 일이다.

4분의 1로부터 1은?

이번에는 재차 세포분열을 해서 4개의 세포가 만들어졌을 때의 배로 실험해도 4분의 1로부터 "1"로 자라는 일이 있느냐, 또 8분의 1에서는 어떤가 하는 것이 알고 싶어질 것이다.

이 같은 실험을 하는 연구재료로는 개구리나 영원과 같은 양서류의 배가 예로부터 많이 사용되고 있는데, 이것들은 그 유연성에 있어서 이전에 생각되고 있던 만큼 두드러진 동물은 아닌 것 같다.

상세한 연구가 행해지고 또한 유연성에서 가장 두드러진 것이라고 생

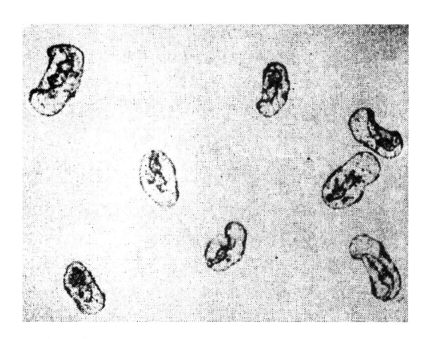

〈사진 49〉 8분의 1에서부터 출발한 8개의 클론 불가사리의 배(단마리나 박사 제공)

각되는 동물 중 하나는, 아마도 불가사리(바다에 살고 있는 별 모양을 한 동물)
일 것이다. 일본의 연구자 단(團)마리나 박사가 한 실험 결과에 의하면, 세
번을 분열하여 8개의 세포를 가지도록 발생했을 때 각각의 세포를 분리하
면, 어느 8분의 1짜리에서부터도 한 마리의 완전한 불가사리 유생(幼生)이
성장한다고 한다.

이 8마리의 불가사리 유생은 1개의 수정란으로부터 발생해 온 것이므
로, 그것들의 유전적 자질은 똑같다. 즉 8개의 클론 불가사리를 얻은 것이다.

5회를 분열하여 32개의 세포를 가진 배로 발생했을 때, 각각의 세포를 분리하는 실험도 행해졌다. 이때도 확실히 "32분의 1"로부터 "1"이 자라는 일이 있다. 그러나 이것은 32개 세포 중의 어느 것이 그렇게 된 것이지, 32마리의 클론 불가사리를 얻었다는 것은 아니다. 그러므로 이러한 분리세포로부터 한 마리가 발생하는 능력—즉 클론을 만드는 능력—은 발생이 진행됨에 따라 감소해가는 것이 확실하다. 발생의 진행과 더불어 세포사회의 유연성이 동물에서는 감소되어 가는 것이다.

유연성을 이용한 바이오기술

사람을 포함한 포유류에서는 어떠할까? 발생 초기의 유연성은 아마도 개구리의 경우보다 크고 대개는 불가사리 정도가 아닐까 하는 것은, 특별한 실험을 할 것도 없이 충분히 예상할 수 있었다.

예를 들면 아르마딜로라고 하는 동물은 실험 결과에서가 아니라, 자연계에서 항상 일란성인 몇 마리의 새끼—클론이다—를 낳고 있다. 사람에게서 일란성 쌍둥이가 훌륭하게 자라고 있는 것은 말할 것도 없다.

포유류에서 행해지는 실험에 대해서 약간 언급하겠다. 이 책의 첫 부분에서 생쥐의 키메라를 만드는 실험을 장황하게 소개했다. 그 경우는 생쥐의 젊은 배 2개(때로는 3개인 때도 있다)를 합체해 한 마리의 완전한 생쥐를 만드는 것이었다.

그런데 영원의 배 2개를 합체하면, 모습이나 형태가 정상적인 한 마리로 발생하지만, 그 크기는 정상인 것보다 크다. 다만 2개의 초기 배를 합체해서 만든 키메라 생쥐는 크기도 정상적인 것과 차이가 없다.

현재는 포유류의 발생에 관한 실험적 연구를 하는 기술이 매우 진보되어 있다. 그러므로 실제로 생쥐에서 "2"→"1"뿐만 아니라 "1/2"→"1", "1/4"→"1"로 발생할 수 있다는 것이 실험적으로 증명되어 있다.

이 같은 실험은 생쥐라고 하는 실험용 동물뿐만 아니라, 양이나 소 등 인간 생활에 유용한 동물에서도 시도되고 있다. 초기의 배세포를 분리해서 그것을 각각 배양하여, 일란성인 4마리의 양을 만드는 실험은 영국에서 성

〈사진 50〉 클론 양(영국 동물생리학연구소)

공했다. 일본과 한국에서도 소에 대해서 같은 시도가 이루어지고 있다.

즉, 이같이 세포분리의 방법으로 클론을 만들어, 유전적으로 훌륭한 자질을 가진 가축을 증산하는 바이오테크놀로지를 구사하려고 하는 것이다.

여기서 다시 한번 역사를 돌이켜 보자. 영원이 한 번 분열하여 2개의 세포로 되었을 때, 그것을 분리하면 그 후의 발생이 어떻게 되느냐고 하는 실험은 놀랍게도 지금으로부터 약 100년 전에 시도되었다. 이 같은 실험에는 비싼 기기는 하나도 사용할 필요가 없고, 그저 아이디어와 약간의 손재주만 있으면 가능한 일이었다.

그 후 1세기 가까이 지나면서 이러한 실험은 포유류에서도 실현되었고, 실현되자마자 그것은 마치 가장 근대적인 바이오테크놀로지의 범주에 속하는 것이 되었다. 이것은 1세기 이전에 영원을 대상으로 이 실험을 처음 실시했던 선인들이 상상조차 하지 못했던 일이다.

이러한 경위로부터 우리는 적잖은 교훈을 얻을 수가 있다. 그중 하나는 오늘날에 와서 진정한 기초적인 생물학의 연구와 응용에 이용할 수 있을 테크놀로지와의 거리가 옛날에는 생각조차 못했을 만큼 접근했다는 점이다.

둘째는 독특한 생물연구의 테크닉이라고 하는 것은, 대형 기기를 사용하는 것과는 그다지 관계가 없는 매우 섬세한 것인 듯하다는 점이다. 이것은 예나 지금이나 본질적으로 다를 바가 없다. 그리고 아이디어 자체는 참으로 오래전부터 존재하는 경우가 적지 않다는 점이다.

셋째로 매우 중요한 점은, "1/4", "1/2"이 "1"로 발생한다고 하는 생물의 유연성을 이용하여, 새로운 바이오테크놀로지가 시도되려 하고 있는데도 불구하고, 이 같은 유연성이 어떻게 발휘되는 것인지, 그 메커니즘을 전혀 알지 못한다는 점이다.

이치를 알기 이전에 테크놀로지가 먼저 활용되는 일은, 생물학 세계에서 장래에도 자주 일어날 것이다.

생쥐를 만드는 암?

여기서 포유류 발생의 유연성을 잘 보여주는 흥미 있는 예를 소개하겠다. 이것은 좀 과장해서 말하면 "생쥐에 발생하는 암"이라고나 할만한 이야기이다.

사람을 포함하여 쥐나 닭에는 괴상한 혹이 생긴다. 이 혹은 종양의 하나라고 하여 "기형종양(奇形腫瘍)"이라고 불리는데, 어디가 괴상하냐고 하면, 이 혹 속에 뼈나 신경, 혈관, 때로는 털에 이르기까지 "암세포"뿐만 아니라 정상적인 세포와 조직이 뒤죽박죽 들어 있다는 것이다.

생쥐의 어떤 유전계통에 속하는 것에서는 이 기형종양이 자주 발생한다. 이 생쥐의 기형종양 내부에는 신경이라든가 뼈 이외에 무엇이라고 동정(同定)하기 어려운 분화해 있지 않은 "암세포적"인 세포도 많이 섞여 있다. 이 같은 세포는 왕성하게 증식하고 있다. 그리고 이들과 같은 계통의 다른 생쥐의 복강(腹腔)에 이것을 이식해 주면 역시 기형종양이 발생한다.

그래서 이번에는 이 "암적"인 세포를 1개만 취해서 가느다란 유리관 속

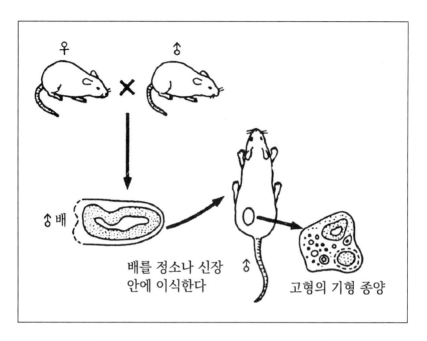

〈그림 51〉 실험적으로 생쥐의 기형종양을 만드는 방식

에 넣어서 복강으로 옮겨주면 역시 기형종양을 만든다. 이 기형종양 속에는 뼈나 신경, 혈관이나 피부, 그 밖의 많은 종류의 정상 조직이 포함되어 있다. 즉 이 단일세포로부터 클론 생쥐로는 자라지 않지만, 기형종양 속에 생쥐의 오장육부를 만들고 있는 조직이나 기관이 거의 분화되는 것은 틀림이 없다.

기형종양의 존재 자체는 훨씬 이전부터 병리학(病理學)에서 알려져 있었다. 그리고 이 작은 책에서도 이미 2장에서 한 번 등장했다. 그런데 이 불가사의한 성질을 갖는 "암적"인 세포를 생쥐를 사용해서 몇 대에 걸쳐서 증식시키고, 반영속적으로 이식을 계승해서(물론 언제든지 분화할 수 있을 만한 성질을 유지한 채로), 필요로 하는 연구자에게 제공할 수 있게 된 것은 1960년대 이후의 일이다.

이러한 세포는 암 비슷한 성질의 유지와 발생과 분화의 발현이라고 하는 생물학적으로 중요한 두 가지 근본 현상 중의 어느 쪽으로도 전환할 수 있는, 연구자에게는 참으로 하늘이 제공한 보물과도 같은 고마운 연구재료이다. 현재 이 세포의 연구에 매우 많은 연구자가 관심을 쏟고 있는 것은 당연한 일이라 하겠다.

언제까지고 젊게!

도대체 이 기묘한 암(적)세포의 정체는 무엇일까? 그 하나의 견해에는, 실험에 사용되는 생쥐의 기형 암종양세포(기형종양이라고 하는 혹 속에 포함되어 있으며, 영속적으로 증식하는 미분화세포, 즉 암 비슷한 세포를 이렇게 부른다)라고 하는 것은 아마도 젊은 생식세포가 알이나 정자로 분화하지 못하고, 암 비슷하게 영속적인 증식을 시작한 것이 아닐까 하는 것이다.

생식세포야말로 동물의 개체 한 마리를 완성할 수 있는 근원으로서, 동물의 몸에 포함되는 모든 세포형으로 분화할 수 있는 능력을 갖고 있다. 이 같은 생식세포의 특징을 상실하지 않으면서, 그러나 어떤 계기로 암 비슷하게 행동하게 된 것이 기형 암종양세포이다. 그러나 이런 견해는 어느 때는 들어맞지만, 기형 암종양세포가 언제나 이런 것이라고 단정할 수는 없다.

1980년대에 들어와 주로 영국의 에반스 그룹이 중요한 연구를 해서
이 기형 암종양세포에 대한 관심을 한층 높여 놓았다. 생쥐의 초기 배의
내부 세포 덩어리 세포만 취해서 유리그릇 속에서 배양했던 것이다(생쥐의
초기 배에 대한 것은 〈그림 21〉과 설명 참조). 내부 세포 덩어리라고 하는 것은
여기서부터 새로운 생쥐의 몸이 형성되는, 말하자면 배의 본체다.

이렇게 해서 배양된 세포는(배양액의 조성이나 그 밖에도 상당한 연구를 할
필요가 있지만) 이윽고 자꾸 증식해 간다. 내부 세포 덩어리는 정상인 배의
발생에서는 생쥐로 자라나는 것이지만, 유리그릇 속의 배양에서는 생쥐다
운 모습을 나타내지 않는다. 더구나 특별한 형의 세포—근이라든가 신경
등—로 분화하는 일도 없이, 미분화된 모습 그대로 영속적으로 증식한다.

이런 세포도 역시 기형 암종양세포와 똑같은 성질을 갖고 있어서, 생
쥐의 피하에 이식한다거나 배양에 사용하는 배양액의 조성을 약간 바꾸
어 주면 여러 가지 형의 모든 세포로 분화한다.

이 같은 성질의 세포를 암세포라고 부르기를 좋아하지 않는 선생님들
도 적지 않다. 그 이유는 이들이 분화하는 능력을 가졌는데 분화한다는
것으로 세포가 갖는 암 비슷한 성질이 치유되기 때문이다.

그러나 이 세포는 분화를 유발할 만한 특별한 조건에 놓이지 않는 한
미분화상태로 영속적으로 증식한다. 피하에 이식해서 혹을 만들게 하여
분화를 유발한 경우라도, 분화한 세포와 더불어 이들 암 비슷한 세포는
반드시 존재하고 있다. 더구나 이쪽이 보다 잘 증식하기 때문에, 한쪽에

서 아무리 분화가 진행되어 가더라도 결국 모든 세포가 치유되는 일은 없다. 수지결산을 계산해 보더라도 암 비슷한 무리가 승리를 차지하기 때문에, 이 혹을 가진 생쥐는 죽음에 이른다. 따라서 어느 점에서 보더라도 이들 세포가 암과 비슷하다는 것은 확실하다.

그러므로 젊은 생식세포뿐만 아니라, 젊은 배의 세포가 암 비슷한 성질을 가진 것도 기형 암종양세포가 된다. 요컨대 젊은 배의 세포가 장래에 어떤 형의 세포로든지 분화할 수 있다고 하는 유연성을 남겨 놓은 채로, 발생과 분화의 방향으로 진행하는 것을 정지하고, 증식만을 계속하는 암 비슷한 방향으로 성질을 전환한 것이 이런 세포이다.

배세포로부터 파생한 기형 암종양세포가 이런 성질을 갖고 있는 것은, 뒤집어 말하면 생쥐에서도 배세포는 개구리나 불가사리에서와 같은 유연한 성질을—어쩌면 이런 동물 이상으로—갖추고 있다는 것을 말하고 있다. 이것은 다음에 소개하는 매우 재미있는 실험을 통해 더욱 뚜렷이 알 수 있다.

암세포를 키메라로 키운다

젊은 배로부터 만들어진 이 불가사의한 암 비슷한 세포를 다시 한번 배로 되돌려 주면, 단순히 세포로서 분화할 뿐만 아니라 실제의 생쥐 발생에 참가할 수 있는 것일까? 아니면 역시 암적인 행동을 계속하는 것이 남게 될까?

이 같은 실험 절차를 〈그림 52〉에 모식적으로 나타냈다. 1장에서 유전적으로 다른 두 생쥐의 배를 합체해 키메라를 만드는 방법을 소개했다. 이번 실험에서는 생쥐의 초기 배와 기형 암종양세포를 합체해 키메라를 만드는 것이다.

사실, 이러한 배와 암세포의 합체로부터는 훌륭한 키메라 생쥐가 자라나며 그 몸속에는 암 비슷한 세포가 이미 존재하지 않는다. 기형 암종양세포는 전부 분화해서 배 쪽의 세포와 썩 잘 조화하고 협력해서 발생하는, 키메라 생쥐의 몸 형성에 참가해 버린 것이다. 이렇게 암 비슷한 세포는 어김없이 생쥐(일부이기는 하지만)를 만들었던 것이다.

배의 세포로부터 파생한 기형 암종양세포라고 하는 것은, 그 본성이 초기의 배세포와 거의 같으며, 양자는 잘 친숙해질 수 있고, 협력해서 생쥐 발생의 프로그램을 실현시킨다. 그 프로그램은 일정한 시간적 예정으로 진행된다.

또 기형 암종양세포는 배 쪽의 세포와 혼합해버렸기 때문에, 세포 사이의 올바른 상호작용을 받을 수 있다. 그 결과 암세포 쪽의 암 비슷한 성질이 완전히 극복되어 치유된 결과가 된다.

기형 암종양세포가 키메라 생쥐를 만들었을 때, 생식세포로도 분화할 수 있을까? 만약 그렇게 된다면 일단은 암 비슷하게 되어버린 세포로부터 어김없이 생쥐가 탄생하게 될 것이다.

이것에 성공했다는 보고가 있다. 그러나 그것을 확증하는 데는 아직도 시간이 걸릴 것 같다. 사견으로서는 초기 배로부터 파생한 기형 암종양세

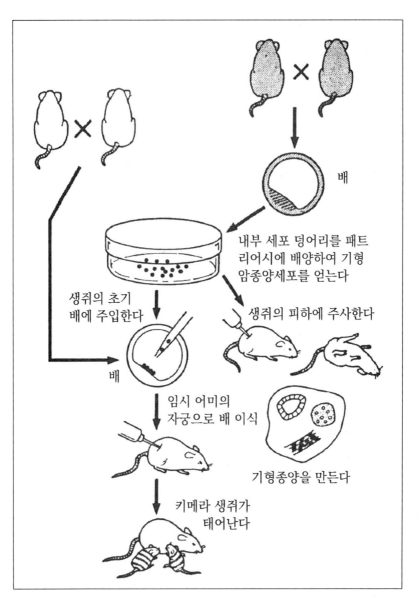

배

내부 세포 덩어리를 패트
리어시에 배양하여 기형
암종양세포를 얻는다

생쥐의 초기
배에 주입한다

생쥐의 피하에 주사한다

배

임시 어미의
자궁으로 배 이식

기형종양을 만든다

키메라 생쥐가
태어난다

〈그림 52〉 배의 세포로부터 파생한 기형 암종양세포와 정상배와의 키메라 생쥐의 육성

216

포의 생식세포로의 분화는 가능한 것이라고 생각한다.

배양된 식물세포의 개체 재생의 성공은, 아카데믹한 연구는 물론 새로운 바이오산업의 개척에도 절대적인 영향을 미쳤다. 이제 고등동물에서도 기형 암종양세포와 같은 매우 특별한 경우이기는 하지만, 이것을 사용하면 세포로부터 개체를 구성한다는, 새로운 연구 전략을 내놓을 수 있을 것이다.

장래에 이 같은 세포가, 이를테면 유용한 가축 등에서도 만들어진다면, 그것은 생산성을 가진 세포라고 하게 되지 않을까?

기형 암종양세포는 유리그릇 속에서 배양하여 자꾸 증식시킬 수가 있다. 따라서 그 과정에서 외부로부터 특별한 유전자를 넣어, 인공적으로 성질을 바꿀 수도 있다. 그렇다고 해서 이 세포의 분화능력과 개체 재구성 능력은 조금도 변화하고 있지 않다. 이런 실험은 교토 대학 시절 필자가 속한 그룹과 미스비시화성(三菱化成) 생명연구소 그룹과의 공동 실험을 포함하여 몇 가지 성공사례가 보고되어 있다.

3. 클론동물

세포핵의 기능

기형 암종양세포의 연구는 암과 분화라고 하는 중요한 문제에 대해서 모두 깊이 관계하고 있으며, 실로 다면적인 의의를 가지고 있다. 필자가 이들 연구를 소개하는 것은 이 같은 기묘한 세포를 통해서 포유류도 초기 배세포는 두드러진 유연성을 지니고 있음을 방증하려고 하는 데 있다.

여기서 이야기를 본론 자체로 돌리기로 한다. 동물에서는 젊은 배가 지니고 있던 유연성이 발생과 분화의 진행과 더불어 급속히 상실되는 것 같다. 일단 분화한 근육이나 간장의 세포가 식물에서처럼 다른 세포로도 분화한다는 것은, 이미 3장에서 소개했듯이 일어나기는 하지만, 그래도 극소수의 예밖에는 알려져 있지 않다.

적어도 사람을 포함한 재생능력이 낮은 포유류나 조류에서는, 배양한 눈의 세포에서 볼 수 있는 예를 제외하고는 매우 드물다.

두 세포로 분열한 영원의 알을 2개로 분리하면, 각각의 세포로부터 완전한 한 마리의 영원으로 발육할 수는 있겠지만, 발생을 완료한 영원은 발이나 꼬리를 절단했을 때 재생하는 정도의 일은 할 수 있어도, 유연성이라는 점에서는 이 정도가 한도이다.

발생에 수반되는 유연성과 감소를 아주 특별한 실험으로 조사할 수 있다. 그것은 핵의 이식이라고 하는, 말하자면 세포의 수술로서, 특별한 측정 기기나 물리·화학적 수단을 동원하지 않는 바로 생물학 자체의 실험이다.

말할 나위도 없이 유전적인 프로그램은 세포 속의 세포핵에 들어 있다. 세포핵은 말하자면 세포의 중추로서 사령부인 것이다. 생물이 발생하면 여러 가지 형의 세포로 분화되어 간다. 간장세포와 뇌세포의 차이라고 하는 것은, 얼핏 보아서도 명백하지만, 우리는 세포 전체의 모습을 보고서 그것을 구별하고 있다.

세포핵의 기능은 어떠할까? 역시 분화하고 있을까? 그렇다고 하면 수정란의 세포핵과는 어떻게 다른 것일까?

세포핵을 교환

이것을 알기 위해서 기도된 것이 핵이식(核移植) 실험이다. 이를테면 개구리의 수정란으로부터 본래의 세포핵만을 뽑아내고 대신 장(腸)의 세포핵을 이식해 본다. 이런 수술을 받은 알이 만약 정상적인 올챙이로 자라난다면, 장의 핵은 발생에서 수정란의 핵과 같은 기능을 가지고 있다고 하겠다.

핵이식 실험의 아이디어는 옛날부터 있었고, 이미 1930년대부터 실행되어 왔다. 그리고 1950년대가 되면서부터 미국의 킹과 브릭스, 영국의 가

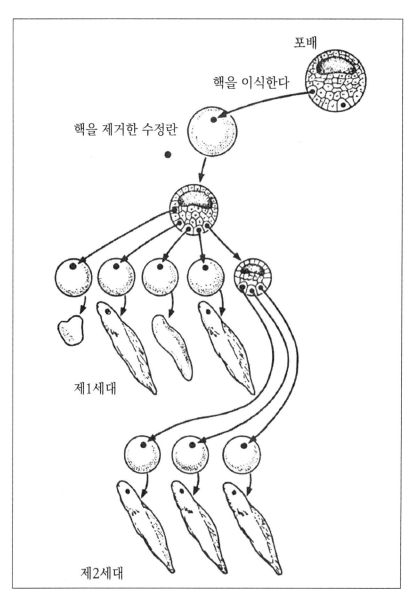

포배

핵을 이식한다

핵을 제거한 수정란

제1세대

제2세대

〈그림 53〉 핵이식 실험의 절차

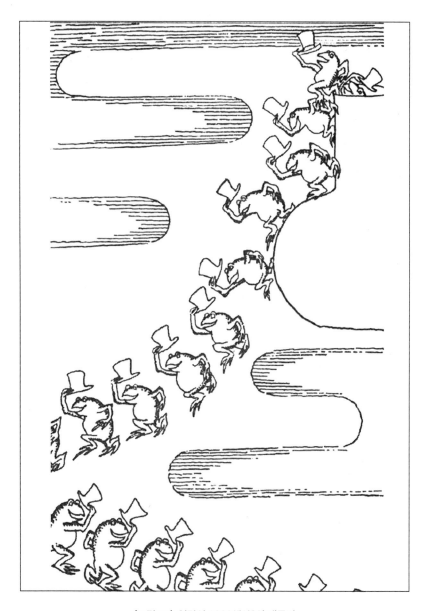

〈그림 54〉 일란성 2000생아?의 개구리

든 등에 의해 대규모로 시도되었다.

먼저 개구리의 수정란이 1차 세포분열을 해서 생겨난 두 세포의 배에 있는 핵을 취해서 수정란의 핵과 교환했다고 하자. 그래도 훌륭하게 올챙이가 발생한다. 두 세포 때의 배에서는 각각의 세포를 분리하더라도, 각각은 정상으로 자랄 수 있기 때문에 이것은 당연한 일이다. 더욱 발생이 진행된 배로부터 취한 핵을 이식하면 어떻게 될까?

〈그림 53〉에 나타낸 실험의 도식(圖式)을 보자. 수정란이 발생하여 세포 수가 100개 정도로까지 자란 배[포배(胞胚)라고 한다]의 세포핵 하나하나를 수정란의 핵과 대체해본다. 대부분이 세포분열을 시작해서 세포 수가 100개 정도의 배로까지 자라고, 그중에는 훌륭한 올챙이로 발생하는 것도 있다(이런 올챙이가 복수로 얻어지면, 그것들은 클론이다. 왜냐하면 그것들의 유전적 자질이 모두 한 개의 배에서 나온 것이기 때문이다).

그러나 이 실험에서 올챙이로 자라는 것의 수를 증가시키기 위해서는, 좀 더 공을 들일 필요가 있다. 그것은 제2차, 제3차에 걸친 핵이식 실험을 하는 일이다.

첫 번째 핵이식한 것 가운데 정상적으로 세포 수 100개 정도로까지 자란 것을 골라내, 이것들로부터 다시 하나하나 세포핵을 추출해서 수정란의 핵과 치환한다. 그리고 다시 한번 제3차 핵이식을 해도 된다. 반복하는 공을 들일수록 높은 확률로 올챙이 클론이 얻어진다.

과학적이 아니라 순수한 호기심에서부터 "동물이라도 수많은 클론을 실험적으로 만들 수 있을까?" 하는 질문 — 정말로 자주 받는 질문이다 —

에 대한 대답이 이것이다.

제2차, 제3차 이식을 하는 것은 어떤 효과가 있을까? 첫째는 이미 어느 정도 발생한 배의(나이를 먹은!) 핵이 젊은 세포질의 환경에서 되도록 오래 친숙하도록 해주는 일이다. 둘째는 이 방법으로 최초에 사용한 100개 정도의 핵 가운데 발생을 유지하는 능력이 높은 핵, 즉 수정란과 같은 능력을 가진 핵만을 선택해 가는 것이다. 이것은 〈그림 53〉을 다시 한번 차분히 살펴보면 알 수 있을 것이다.

클론 작제의 전략

발생한 배로부터 또는 양친의 분화한 세포로부터 취해온 핵을 이식하면 어떻게 될까? 이것은 1960년대에 가든에 의해 실험이 실시되었고, 올챙이의 장이나 물갈퀴(이미 분화해 있다)의 세포 중에는, 핵이식을 했을 경우에 올챙이로 발생할 수 있는 것이 있다는 것을 알았다.

이 실험, 특히 장의 핵 이식 실험은 매우 잘 알려져 있다(연구실에서는 물갈퀴의 세포핵 이식 실험이 보다 주의 깊게 행해지고 있다). 그런데 올챙이 장의 핵을 차례로 수정란의 핵과 치환하면, 그것으로부터 아주 순조롭게 클론 올챙이가 쑥쑥 자라나는 듯한 인상을 주는 해설이 적잖이 있다(필자의 것을 포함해서). 이것은 굉장한 오류다.

이 실험의 성공사례는, 수차례에 걸쳐 핵이식을 반복하여 이식된 핵이

〈사진 55〉 가든 박사

젊은 세포질의 환경과 친숙하도록 만들고, 더구나 능력이 높은 핵만을 엄선해서 비로소 가능했던 것이다. 필자가 앞에서 "……중에는 ……발생을 하게 할 수 있는 것이 있다"라고 지극히 우회적인 표현을 한 것도 이런 사정을 정확하게 전달하고 싶었기 때문이다.

결론적으로 정리해 보자. 3장에서는 주로 분자생물학적 방법에 의한 연구 결과를 소개하면서 많은(전부가 아니다!) 세포분화의 예에서 유전자 DNA 자체는 변화하고 있지 않다는 것을 설명했다.

핵이식 실험의 결과에 의하면, 분화한 세포—장이라든가 물갈퀴 등 —의 핵 속에 있는 핵도, 수정란의 핵과 같은 기능을 가진 것이 있다는 것은 의심할 바 없는 사실이다. 그러나 이런 능력을 가진 세포핵의 수는 발생이 진행되는 데 따라서 격감하고 있다.

장이나 물갈퀴 이외의 분화한 세포를 가지고 핵이식 실험을 하면 어떻게 되느냐고 하는 것도 자주 받는 질문이다.

개구리의 적혈구 세포라든가, 색소세포의 핵을 수정란의 핵과 치환해 보았을 때는 발생이 일어나지 않았다고 하는 보고가 있었다. 그러나 이 같은 "……은 일어나지 않는다"라고 하는 결과적 해석은, 핵이식과 같은 복잡한 실험에서는 매우 곤란한 결론이다. 말할 것도 없이 이런 종류의 실험은, 실험자에게 상당한 손재간을 요구하고 있기 때문에, 실험자의 솜씨 여하에 따라 결과를 좌우하는 일이 많다.

같은 솜씨라도, 이를테면 적혈구세포의 핵은 장세포의 핵과 비교해서 수술 때 상처를 받기 쉽다는 문제를 생각해 본다면, 본질적이 아닌 원인으로부터 결과의 차이가 생길지도 모른다. 그런 까닭에 핵이식 실험이라고 하는 것은, 정말로 실험 자체로서는 재미가 있는 것이기는 하지만, 그 결과의 해석은 반드시 단순명쾌하게 되지 않는 것이다.

동물에서 핵이식으로 클론이 만들어지느냐고 질문한다면, 그 답은 물론 "예스"이다. 그러나 그 방법은 〈그림 53〉에 보인 작전을 따라, 핵을 젊은 배의 세포로부터 취해서 2차, 3차로 핵이식을 했을 경우에만 "상당한 수의" 클론 올챙이를 얻을 수 있는 것이다.

"사람을 포함한 포유류도 클론을 만들 수 있는가?"라는 질문에 대한 답은 어떠할까? "만들 수 있다"가 아니라, "존재하느냐?"는 질문에 대한 답은 이미 208쪽에 주어져 있다. "만들 수 있느냐?"고 하는 것도 2마리나 4마리라면, 만들 수 있다는 것도 이미 말했다. 그러나 아무래도 이 질문은 식물만큼이나 수많은 클론을 단번에 만들 수 있느냐고 하는 호기심에서 나온 듯하다.

〈그림 53〉에 나타낸 개구리에서 행해지는 핵이식 작전을 취한다면 그것은 가능할지 모른다. 사실 1980년대 초 무렵에 생쥐로 이런 실험을 해서 소수의 성공사례를 얻었다는 보고가 있었다. 그러나 문제는 "사람으로 클론을 만들 수 있느냐? 만들 수 있다면 어떠한 사회적 의의가 있느냐?"라고 하는 등의 저널리스트적인 충격에 휩쓸린 나머지, 왠지 충분한 과학적 검토도 확인도 되지 않은 상태에서 연구가 중단되어 버렸다.

그러나 만약 여러분이 자신의 간장이나 혈구 핵을 다른 수정란에 이식하고, 자신의 복제인 분신이 자라날 것이라고 상상한다면, 이것은 큰 잘못이다. 개구리조차도 그렇게 간단하지 않다는 것은 이미 설명했다. 그러나 포유류라고 하더라도 발생 초기의 배는 앞으로의 성장을 위한 현저한 유연성을 갖추고 있다. 이것은 생물학이 가르쳐 주는 진실이다.

4. 개체를 재생하는 세포

근육으로부터 해파리를

핵이식 실험의 결과는 어쨌든 간에, 분자생물학의 발달로 대부분의 분화한 세포라도 유전자 DNA의 구조를 보면 수정란의 것과 차이가 없다는 사실이 알려졌다. 그러나 동물에서는 분화한 세포로부터 한 마리의 동물 개체가 재생하는 일이 도저히 일어날 것 같지 않다. 그렇다고 하면 동물의 세포와 식물의 세포는 분화나 발생이라고 하는 면에서 본질적으로 상이한 성질을 갖고 있는 것일까? 이미 질문했던 이 문제를 다시 한번 검토해보기로 하자.

동물의 분화한 세포로부터 완전한 한 마리의 동물을 재생시킨 성공사례는 슈미드(스위스)에 의해서 1984년에 보고되었다. 실험에 사용한 동물은 지중해에 서식하는 소형 해파리였다.

실험의 개요를 〈그림 56〉에 나타냈다. 해파리의 삿갓 밑 가로무늬가 있는 근육의 단편을 잘라내 적당한 조건에서 배양한다. 이 근육 단편은 증식을 하면서 연달아 여러 가지 형의 세포로 분화해 간다. 분화한 세포는 난잡하게 뒤범벅되어 존재하는 것이 아니라 해파리의 자루 부분 전부를 훌륭하

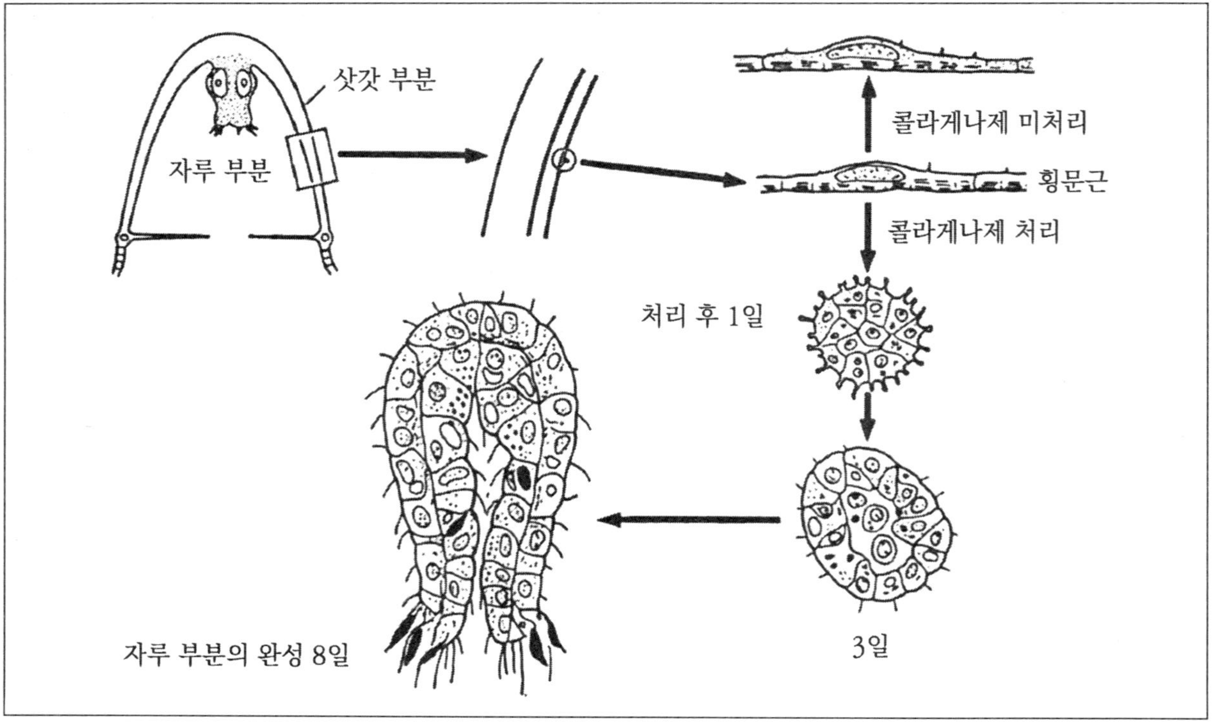

〈그림 56〉 슈미드의 실험(슈미드와 아드라, 1984년예)

게 재생하게 된다.

여러분이 바다에 가서 해파리를 봤을 때 우선 눈에 띄는 것은 삿갓 부분이다. 중국요리의 전채로 나오는 해파리도 삿갓 부분이다. 그러므로 〈그림 56〉과 같은 모습을 보여 주면서 "해파리 한 마리가 완전하게 재생되었다"라고 말하면 미심쩍게 생각할지도 모른다. 재생된 것은 삿갓이 없는 자루뿐이니까 말이다.

이 배양실험은 삿갓의 근육에서부터 출발했다. 그러나 이상하게도 횡문근(橫紋筋)이 없는 즉, 삿갓이 없는 다른 부분은 완전한 해파리가 재생하는 것이다.

보통 사람들이 보기에는 해파리의 본체처럼 보이는 삿갓이 만들어지지 않았지만, 실은 자루 쪽이야말로 해파리의 중추적인 부분이다. 거기에 신경세포와 분비기능을 가진 세포, 가로무늬가 없는 평활근 세포, 나아가서는 생식세포까지도 분화해 있는 것이다. 따라서 횡문근의 세포만을 배양해서 거의 한 마리의 해파리를 재생했다고 하는 표현은 결코 틀린 말이 아니다.

식물세포와 동물세포의 연결

이 해파리의 실험 결과가 지니는 의의란 실로 큰 것이다. 이 실험의 성공으로 여태까지 단절되어 있는 듯이 보이던 식물세포의 분화 성질과 동물세포의 그것을 연결하는 사실이 발견되었다고 할 수 있기 때문이다. 큰 유연성을 지니는 식물의 분화한 세포와 전혀 자유도가 없는 듯이 보이는 고등한 동물의 분화한 세포와의 성질 차이는, 단절된 것이 아니라 사실은 연속된 차이라고 해야 할 것이다. 동물세포라도 겉보기보다는 훨씬 넓은 분화능력(레퍼토리)을 잠재적으로나마 갖고 있을 것이다. 그러한 잠재능력을 실험적으로 끌어내는 방법은 없을까? 그런 일이 가능하다면 우리는 세포의 본성을 인공적으로 제어할 수 있게 되고, 나아가 인간에게 유익한 분자를 합성할 수 있는 세포를 만들어 낸다면, 새로운 바이오테크놀로지가 거기서부터 개척될지도 모른다.

그러나 생물학에서 본질적으로 중요한 문제는 그러한 잠재적인 능력이 좀처럼 발휘되는 일이 없도록 하는—만약 그런 일이 일어난다면 그것은 곧 체내에 이상이 생겼다는 것이다—일종의 억제 작용이라고 할 만한 것이 있는가, 만일 있다면 그것은 어떤 메커니즘으로 되어 있느냐 하는 점이다.

이 문제에 대한 대답은 장래의 연구를 기다려야 할 것이며, 거기에는 상당한 곤란이 도사리고 있을 것이라 생각된다. 하지만 무엇인가 이것을 이해하는 데 힌트가 될 만한 실험은 할 수 없는 것일까? 다음에 우리가 실시했던 간단한 실험을 소개하기로 한다.

변화로의 방아쇠는?

실험에는 닭 배의 신경성 망막을 사용했다. 배가 그대로 발생하면 망막은 말할 것도 없이 빛의 자극을 받고 그 정보는 뇌로 전달된다. 세포의 사회가 어떻게 성립되어 있는가를 아는 데는 눈의 세포에 아주 좋은 사례가 있고, 이는 이미 여러 번 설명했다.

닭의 배 망막은 불가사의한 유연성을 갖고 있기 때문에, 이 세포를 배양하면 렌즈가 색소세포로 전환한다는 것도 이미 소개했다. 해파리의 근육과 같다고까지는 말할 수 없지만, 고등동물의 세포 중에서는 망막이야말로 의외로 광범한 분화 레퍼토리를 갖고 있는 예다.

렌즈나 색소세포의 분화전환, 즉 잠재능력의 발휘는 배의 눈 속이라는 본래의 장소로부터 망막을 잘라내 유리그릇 속에 배양했을 때 일어난다. 즉 생물 개체라고 하는 세포사회로부터 격리했을 때 일어나는 일이다.

그러나 세포를 시험관 속에서 배양한다고 한마디로 이야기하지만, 그것에는 여러 가지 방법이 있다. 보통 신경성 망막이라면 그 조직을 눈으로부터 잘라내, 이것을 트립신 등의 효소액 속에 넣어서 한 개 한 개의 세포로 분리한다(1장 참조).

그리고 세포의 수를 세어서 일정한 수의 세포를 유리그릇—사실은 플라스틱 접시—에 넣고 적당한 배양액을 첨가해서 알맞은 온도, 습도, 이산화탄소압으로 조절되는 방(Chamber)에 넣어서 계속 살린다.

이런 조건에서는 세포가 접시의 바닥 내면에 밀착하여 주로 단층의 시트가 되어 확산해 간다. 그런데 이것도 2장에서 이미 자세히 설명했듯이, 세포가 들어간 접시—또는 플라스크—를 항상 빙글빙글 회전시키는 조건으로 배양하면, 세포는 내면에 달라붙을 수가 없고, 따라서 시트를 만들지 못한다. 그래서 3차원적인 세포의 덩어리를 형성하게 된다.

신경성 망막을 배양했을 경우에, 렌즈나 색소세포의 분화와 같은 잠재하던 분화능력이 발휘되어 나오는 것은, 세포가 시트로 되어서 단층으로 확산하는 경우에만 국한된다. 말할 나위도 없는 일이지만, 몸속의 신경성 망막은 결코 단층의 시트가 아니라 입체적으로 다층인 것이다.

회전(정확하게는 선회) 배양의 조건에서 세포는 3차원적인 본래의 구조를 훌륭하게 복원한다. 그리고 이 조건에서는 신경성 망막은 몸속에 있는 것과 마찬가지로 정확하게 그대로 계속 존재할 수 있는 것이다.

그러므로 세포가 서로 정확한 위치 관계를 유지하고, 서로가 올바른 상호관계를 유지할 수 있는 한, 설사 몸으로부터 유리그릇으로 유배를 당했다 하더라도 발생이나 분화에 있어서 뜻밖의 탈선은 일어나지 않는 것이라고 생각된다. 즉 세포가 세포사회의 일원으로서 얌전하게 존재하고 있는 한, 사회는 세포가 예상 밖의 잠재능력을 발휘하는 것을 억제하고 있는 것이라고 할 수 있다.

슈미드가 했던 훌륭한 해파리 근육으로부터의 개체 재생실험에는, 그것을 성공시키기 위한 중요한 트릭이 있다. 그것은 잘라낸 횡문근의 한 조각을 콜라게나제라고 하는 효소액—동물 몸의 틈새를 메워 주고 있는 콜라겐이라고 부르는 단백질을 분해하는 효소—에 배양 전에 잠시 담가두는 것이다. 이런 처리에 의해서, 횡문근이라고 하는 세포의 덩어리 속에서 세포끼리 서로 결합하는 방법이 느슨해지는 것이라고 생각된다.

세포를 제약으로부터 해방

3장에서 꽤 길게 소개했던 영원의 렌즈 세포 재생의 경우에도, 렌즈를 제거한 직후에는 렌즈가 재생되어 나올 예정인 홍채 위쪽에서 세포끼리의 결합이 느슨하게 되어 있는 것을 보여 주는 발견이 있다.

요컨대, 세포가 잠재적인 레퍼토리를 발휘하게 되는 것은, 세포끼리의 교류가 다소 차단된 것과 같은 상황이 방아쇠가 된다. 개체, 기관, 조직 등의 고차적 세포사회 속에서는 개개 세포의 능력이 일정한 제약(制約)을 받고 있다.

동물의 세포에서는 대부분 이 제약이 영속적으로 고정되어 있어서 다소 이웃과의 교류가 단절되더라도 좀처럼 새로운 성질이 발휘되지 않는 것이 사실이다.

도대체 이 제약이라고 하는 것은 어떤 메커니즘으로 되어 있는 것일까? 이미 소개한 생리적인 세포 사이의 교류 기능(1장 참조) 또는 카드헤린과 같은 세포 사이의 접착분자의 존재(2장 참조)는 필자가 말하는 "제약"과 어떤 관계가 있을까?

우리는 아직 아무것도 알아내지 못하고 있다. 이 같은 생물의 고차적인

〈그림 57〉 고도의 세포사회 속에서는 개개 세포의 능력이 일정한 제약을 받고 있다

체제의 성립이라고나 할 문제는 이제 겨우 연구를 시작할 수 있는 출발점에 서 있다고 생각한다.

"세포는 생물의 기본 단위이다"라고 하는 인식이 생겼을 때는, 동시에 "다세포생물의 몸은 세포의 단순한 집합이 아니다"라고 하는 면도 직관적으로 실감했을 것이다.

지금 우리는 이것을 직관이 아니라 사실로 알고 있다. 그러나 그 사실이 어떤 메커니즘으로 일어나고 있느냐 하는 것은, 이제부터 본격적으로 연구할 수 있는 문 앞에 서 있다 하겠다.

이 문제의 연구는 필연적으로 세포가 지니는 잠재능력을 해방시키는 수단의 발견과 연결되는 것으로서, 그것은 새로운 분야의 바이오테크놀로지 개발과도 관계가 있을 것이다.

후기

    이 후기에서는 다소 전문가들을 상대로 필자의 현재 심경을 말해 둘까 한다. 구판(舊版)인 『세포의 사회』를 고단샤(講談社)의 의뢰를 받아 집필한 것이 1972년 여름이었는데, 필자에게는 마치 어제의 일처럼 느껴진다. 그러나 그 이후 현재까지 생물과학의 상황은 얼마나 크게 변화해 왔는가!

    그것은 학문 자체의 진보뿐 아니라, 생물학에 대한 일반사회에서의 위치 부여라고 하는 점에서 특히 두드러진다. 당시엔 "바이오"라고 하는 말도 아직 등장하지 않았으니, "바이오 주식 호황"이라는 식으로 신문이나 주간지의 경제기사에까지 이 단어가 등장하고 있는 오늘날과는 전혀 다른 상황이었다.

    또 생물 조작과 인간 윤리관과의 관계를 문제로 삼는 것도 별로 화제성이 없었고, 겨우 "복제 인간이 만들어질 수 있느냐?" 하는 토픽이 일부 저널리즘의 호기심을 자극하는 대상이 되었을 정도였다.

    그러나 오늘날과 같은 상황이 오리라는 것을 충분히 예상하면서, 당시 생물학의 첨단적인 한 측면을 되도록 많은 사람이 알아주었으면 하는 마음으로 약간은 어깨에 힘을 주고 쓴 것이 구고였다. 그래서 지금 새삼스럽게 구고를 다시 읽어 보니 표현도 과장되고 또 기를 쓰고 덤볐던 탓인지 도처에서 설교조 비슷한 데가 있어 매우 부끄러움을 느낀다.

또 오늘날에는 대부분의 사람들에게 상식화가 된 것에 대해서 장황하게 소개를 늘어놓은 곳도 있었다. 이런 견지에서 구판의 사명은 끝난 것이라고 필자는 판단했다. 다행히 구판이 참으로 긴 세월에 걸쳐 예상 밖의 호평을 받았고, 많은 독자를 얻은 것을 출판사와 독자에게 새삼 깊이 감사하고 싶다.

그러나 필자가 『세포의 사회(세계)』라고 하는 타이틀로 꼭 널리 소개하고 싶다고 생각했던 연구 분야의 사명이 끝난 것은 아니다. 오히려 이제부터 본격적으로 학문적, 지적인 도전이 이루어지려 하고 있다. 그 점을 강력히 의식하면서 이 신고(新稿)를 썼다.

만약 독자 중에서 구판을 읽으신 분이 계신다면 이 신판에서 내용적으로, 더 옛날의 보다 고전적인 연구를 자주 들먹이고 있는 것을 알아챘을 것이라고 생각한다. 또 구판에서 사진을 곁들여 장황하게 해설했던 세포의 유리그릇에서의 배양—당시는 아직도 신기성이 있었다—대신, 보다 더 개체 자체의 실험(권두 사진에서 대표한 것과 같은)을 많이 채택하고 있는 것도 그것의 표현이다. 고전은 전위(前衛)로 통한다는 것을 말해 주고 있을 것이다.

이제야말로, 전통적인 생물학의 고전 가운데서부터 무엇이 중요한가를 찾아내고, 새로운 아이디어로 연구하는 일이 아카데믹하게 요청되는 시대이다. 또 이는 장래의 바이오테크놀로지를 창설하는 계기가 될 것이다.

생물이 갖고 있는 메커니즘의 흥미로움은 필자에게는 더더욱 의미가 깊다. 필자가 이 작은 책에서 소개하고 있는 일들은 흔히 "복잡하다"라고 말해져 왔다. 정말로 그럴까? 감탄해야 할 것은 "훌륭하게 되어 있다"라는 점이지, 복잡하다는 점이 아니라고 생각한다.

필자에게 구판을 집필하라고 권했던 고단샤 편집부의 고에다 씨는, 얼마 동안 다른 분야에 나가 있다가 이 신판을 집필하기 직전에 다시 '블루백스' 담당이 되어, 필자를 크게 질타했다. 이것도 어떤 인연이라 하겠다. 어쨌든 『세포의 사회(세계)』는 필자가 지금까지 저술한 몇 권의 계몽적인 저작 가운데 제1호였다. 오래오래 시대에 부응하는 개정을 해가면서 기리 수명을 누리게 하고 싶다.

구판 당시 독자로부터 "좀 더 자세히 공부하고 싶은데, 다음에는 어떤 책을 읽으면 좋겠느냐?"라는 질문을 많이 받았다. 졸저에 매우 큰 관심을 가져주었다는 증거로 무척 고마운 일이기는 하지만, 이 질문에 대답하기란 매우 힘들다. 그것은 이 작은 책이 과거 학문 분야의 전통적인 구분을 약간 넘어선 데서 재료를 모으고, 필자만의 방법으로 정리하고 배열했기 때문이다.

그러나 학문으로 말하면, 광의의 발생생물학이라고 하는 분야가 이 책의 주제다. 이 분야를 좀 더 전문적으로 알고 싶어 하는 분에게는 졸저 『동물의 몸은 어떻게 형성되는가?』(일본 이와나미 신서)가 적당할 것이다.

좀 더 딱딱한 책으로라도 공부하고 싶다면 다음의 두 가지가 있다.

가타기리(片桐千明) 『동물발생학』(일본 이와나미 서점)

오카다(岡田節人) 『발생에 있어서의 분화』(일본 이와나미 서점)

어느 것도 상당히 딱딱한 책이므로 각오하기 바란다. 후자를 훑어본 독자가 "블루백스에서는 재미있고 활기차게 쓴 저자가, 어찌 이렇게도 따분하고 이해하기 힘든 것을 썼느냐"라고 화를 낸다고 해도, 그것은 필자의 책임이 아니다. 학문이라는 것은 어느 단계에서는 이해를 위한 난삽을 피하기 어려운 것이다.

끝으로 일일이 이름은 들지 않겠으나, 귀중한 사진과 그림을 제공해 주거나 또 전재를 허가해 주신 많은 분에게 깊은 감사를 드린다.

도서목록
- 현대과학신서 -

도서목록
- BLUE BACKS -